宇宙万物皆有质量，原子核承载了自然界万物的质量
U0193607

原子核的前世今生

靳根明◎主编

甘肃科学技术出版社

图书在版编目（CIP）数据

原子核的前世今生 / 靳根明主编. -- 兰州 : 甘肃科学技术出版社，2020.6（2021.5 重印）
ISBN 978-7-5424-2238-5

Ⅰ. ①原… Ⅱ. ①靳… Ⅲ. ①核反应 – 青少年读物 Ⅳ. ① Q571.4-49

中国版本图书馆CIP数据核字(2020)第105297号

原子核的前世今生

靳根明　主编

项目统筹　何晓东　韩波
责任编辑　何晓东
装帧设计　大雅文化

出　版　甘肃科学技术出版社
社　址　兰州市读者大道 568 号　730030
网　址　www.gskejipress.com
电　话　0931–8125103（编辑部）　0931–8773237（发行部）
京东官方旗舰店　http://mall.jd.com/index–655807.html

发　行　甘肃科学技术出版社
印　刷　上海雅昌艺术印刷有限公司
开　本　787 毫米 × 1092 毫米　1/32　印　张　7　字　数　168 千
版　次　2020 年 9 月第 1 版
印　次　2021 年 5 月第 2 次印刷
印　数　3001~8000
书　号　ISBN 978–7–5424–2238–5　　定　价　48.00 元

编委会

主　编

靳根明

副主编

胡正国

编　委

刘　忠　周利斌　唐晓东　骆　鹏
高丙水　张志远　叶　兵　孙铭泽
戴中颖　高静一

前 言

现在，人们的生活与以前相比，发生了天翻地覆的变化：出行快速便捷，交流广泛迅速，食物丰富多样，居住宽敞明亮，衣着多姿多彩。这些变化背后是科学技术的飞速发展。为了赶上时代的步伐，每个人每天都在自觉或不自觉地学习新的知识。每个人的时间是有限的，在从事自己的专职工作之外，只能选择性地学习一些自己感兴趣的知识。有些人可能对核电站如何将强大的电力送到了千家万户和大大小小的工厂有兴趣；有些人可能希望了解我们强大国防力量中的主要支柱——核武器的基本原理；也有人想知道医院的高端仪器——MRI和PET为什么能够“看清楚”身体各处血流状态和脑子的活动情况；很多人对重离子治癌有兴趣，希望了解它是如何将人体内的肿瘤体精确杀灭的。上面所说的问题都涉及原子核物理的基础知识。一提到原子核，可能会觉得它非常神秘，它是一个深不可测的东西。其实，原子核是物质的基础，是一个非常奇妙的物质层次。尽管要详细地对它进行描述，需要量子力学知识和许多物理和高等数学知识，但是，也可以利用通俗的语言对它作出形象地描述，使更多的人对其有更多的了解，从而更好地了解许多高科技的工作原理和可能遇到的现象。

1909年以前，科学界还认为原子是由质子和电子组成的。但是卢瑟福利用α粒子轰击金箔的实验证明原子中存在一个核心，就是原子核，这打开了原子核的大门，许多物理学家开动脑筋，想尽办法，不断思考，建造出各种各样的仪器设备，通过各种途径，在神秘的原子核世界里从实验和理论两方面进行探索。这样，就形成了一门新的学科——原子核物理学，专门研究原子核的结构、性质、相互作用。100多年来，在原子核研究过程中，出现过许多大师，如被称为原子核物理鼻祖的卢瑟福，原子核天然放射性的发现者贝克勒尔，首先对天然放射性进行研究的居里夫妇，中子的发现者查德威克，原子核结构模型的构建者波尔父子、玛丽亚·格佩特–梅耶和汉斯·延森，核裂变和链式反应的发现和应用者迈特纳、西拉德、费米，超重元素合成中的代表人物尤里·奥加涅相等。还有许许多多不为人知的核物理科学技术的研究者，正是他们的共同拼搏，丰富和发展了原子核物理，促进了人们对原子核的认知，使得核物理的基础知识在其他领域得到了应用，并发挥了巨大的作用。

现在，我们已经知道原子是非常小的，其尺寸大概只有一亿分之一米。这样小的原子，还包含着电子和原子核，而且电子的质量非常小，99%以上的原子质量都集中在原子核上。那么，原子核的尺寸有多大呢？答案是：只有原子尺寸的万分之一左右。对于这么小的原子核，你一定会有一连串的问题：它们来自何处？有多少种不同的原子核？现在我们的制造能力那么强大，是否可以制造出新的原子核？原子核中的风景如何呢，是否也是麻雀虽小，五脏俱全，还是一个实心的小球？原子核有多重？原子核的外形如何，是一成不变，还是在不停地变换？如何使原子核快速地运动起来？如果一个原子核与另外一个原子核相碰，会发生什么情况？研究原子核与我们日常生活有什么关系？如果你有这些疑问，阅读本书可能会得到比较满意的答复。

原子核物理还在不断地发展，特别是更深层次的问题，如组成原子核的核子——中子和质子的结构组成，本书没有涉及，这也是现在核物理研究的热点之一，如果读者有兴趣可以参考相关科普文章。

总之，出版本书的初衷是希望读者通过阅读、对原子核的来源、性质、它们之间的相互作用以及与原子核有关的应用有所了解。如有不妥之处，敬请指正。

2020年5月

目 录 MULU

第一章

原子核从何而来

第一章　原子核从何而来

宇宙中的万物，大到星系及所包含的大大小小的恒星，如银河系及所包含的太阳系，小到地球上的大小山脉、海洋河流、昆虫、细菌、病毒，都是由分子或原子组成，当然分子也是原子组成的。万物皆有质量（质量的基本单位是千克，用kg表示，巴黎国际计量局保存着国际1千克质量标准原器）。大家都知道原子是由原子核和电子组成，而一个电子的质量非常小，大约是9.11×10^{-31}千克，仅仅是一个质子质量的1/1836。所以在一个原子中，电子的质量可以说是微不足道的。也就是说，原子的质量几乎都集中在原子核上。换句话说，是原子核承载了自然界万物的质量。既然原子核如此重要，我们自然就会问一个问题，宇宙之中有多少种原子核？

打开元素周期表，你现在可以看到上面已经有了118种元素，每种元素都有许多同位素，即它们的原子核是由同样多的质子和不等数量的中子组成的。核物理学家将同位素称为核素，并且利用质子数和中子数作为两个坐标，绘制了一张图。在这张平面图中，每一点都可以代表一个核素。将目前已知的所有元素的总共3350同位素，也就是3350种核素一一对应地标在这张图上，发现它们分布在一个狭长区域内。每种核素都是有寿命的，有的长生不老，还有的寿命长达千万亿年，也可算是长生不老了，

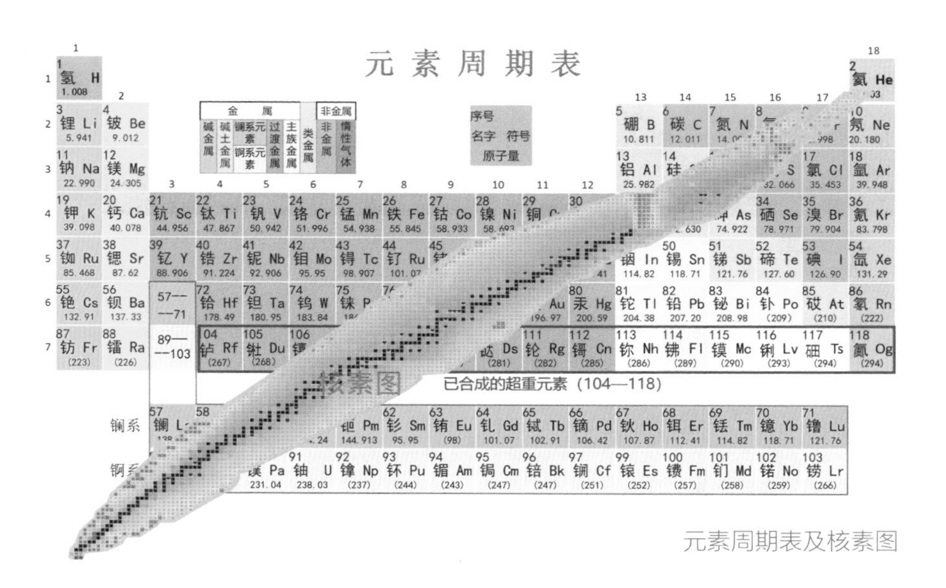

元素周期表及核素图

这些核素统称为稳定核素，这样的核素只有287个，它们连成一线——即稳定线（不发生衰变），位于狭长区域的中央。大量的核素寿命都比较短，或者是产生后很快就变成其他核素，它们统称为放射性核素，位于稳定线的两侧，而且，离稳定线越远，寿命越短。位于狭长区域边沿的核素，称为远离核稳定线核素，或简称远离核。它们的共同特征是寿命非常短，甚至即生即死。我们不禁要问，这3350种核素是从何而来？

一、宇宙大爆炸后的核合成

要回答这个问题，首先看看宇宙是从何而来的。

天地玄黄，宇宙洪荒。要了解核素从何而来，首先要知道宇宙是如何开始的。宇宙大爆炸理论已是家喻户晓，尽管现在还有一定的争论。宇宙大爆炸理论是伽莫夫在1948年提出的。在他之前，比利时人勒梅特也提出过类似

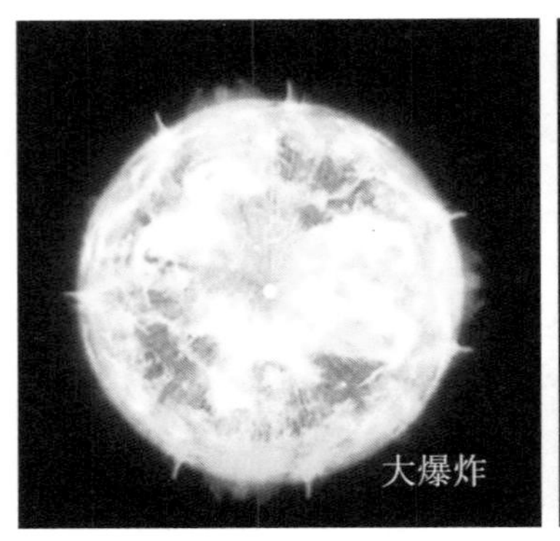

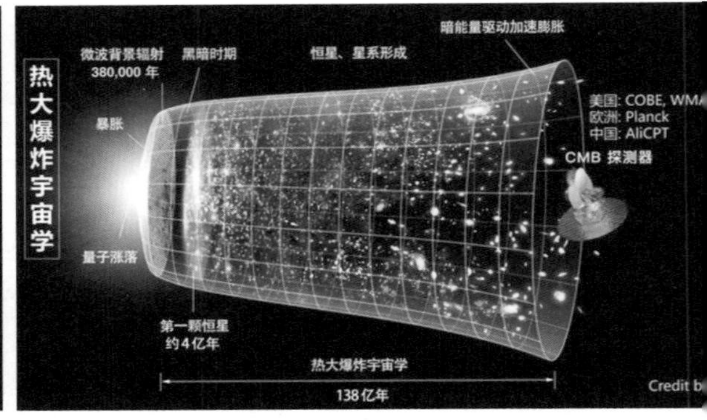

大爆炸模型

的概念。这个理论说的是，在138亿～133亿年前，一个极端强的能量点爆炸了，从此打开了宇宙演化的大门，直到今天也没有停止的迹象。大爆炸后1微秒时，出现了极少量的质子、中子及反粒子。火球继续膨胀，温度继续下降，质子和反质子湮灭，中子也会衰变成质子，当温度下降到大约10×10^8K时，剩余的质子和中子相遇时会结合形成氘核（D），这时已经是大爆炸后一两分钟了，这才是我们所期待的原初核合成的开始。核物理学家常用的表示方法如下：n代表中子，p代表质子，D代表氘核，核物理学家的核反应表式为：$n+p\rightarrow D+\gamma$ 或者$p(n,\gamma)D$。

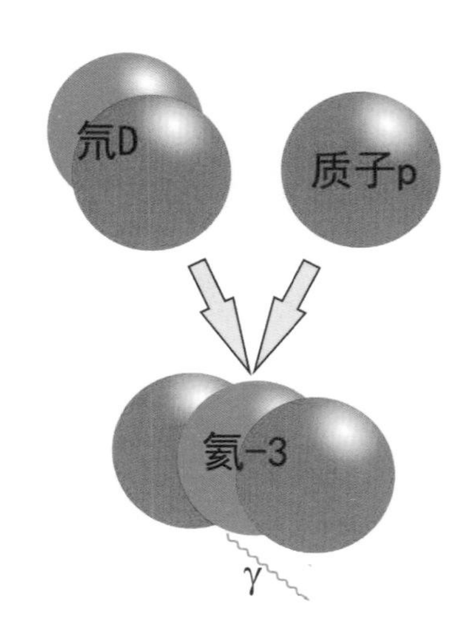

p与D反应生成3He

其中第一个符号是作为入射炮弹原子核（这里n表示中子），第二个符号是靶原子核的符号（这里p表示质子），箭头表示反应流向，箭头右边的第一个符号表示主要反应产物原子核，第二个是同时发射的粒子或反应产生的其他原子核。

既然有了氘核，而且它还处在一个很高温度的环境，在这一环境中的粒子，不管是质子、中子，还是氘核，它们的运动速度都非常之快，只要碰到一起，有机会生成新的原子核，例如氘核与质子碰到一起，就可能生成氦原子核，即D(p, γ)^{3}He，氘核与氘核相碰也生成^{3}He，并放出一个中子，即D(d,n)^{3}He（在反应式中，炮弹D的符号用小写字母）。不过氘核和质子总共只有两个质子和一个中子，因此，生成的氦原子核也只有三个核子（中子和质子统称为核子），这种氦原子核被称为氦–3，通常写为^{3}He。在原子核物理中，为了方便，通常用英文字母表示原子核的名称，字母的左上肩的数字表示组成该原子核的总核子数，左下方的数字表示质子数，右上肩的数字表示中子数。如^{3}He可表示为$^3_2He^1$。氘核与中子相碰可能会生成有两个中子的氢同位素——氚，写为T。有了^{3}He、T，就有更多的机会生成更多种类的核素，如^{3}He(n,p)T、T(d,n)^{4}He、^{3}He(d,p)^{4}He。^{4}He的生成为进一步合成含有更多质子的原子核提供了机会，如^{3}He(^{4}He, γ)^{7}Be、T(^{4}He, γ)^{7}Li。而^{7}Li与质子碰撞还可以生成两个^{4}He。当然，还会有^{4}He(D, γ)^{6}Li、^{7}Li(t,n)^{9}Be、

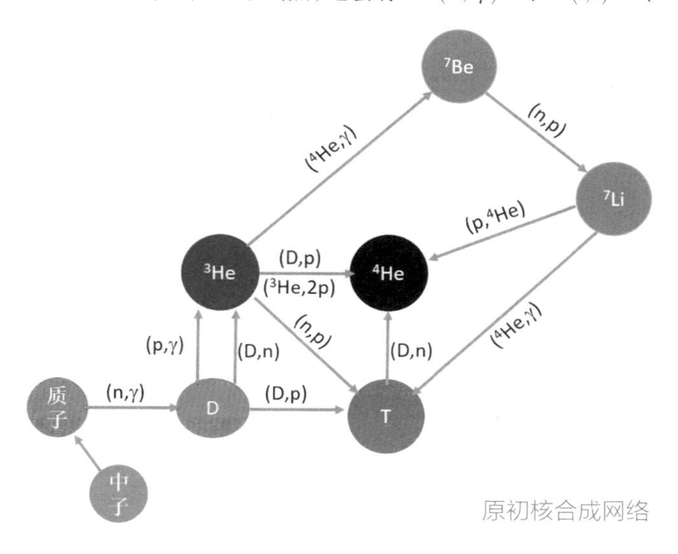

原初核合成网络

$^{7}Li(d,\gamma)^{9}Be$、$^{7}Be(t,p)^{9}Be$和$^{9}Be(t,n)^{11}B$。不过，由于上面说的火球是在不断膨胀着，温度也在不断下降，留给合成新核素的时间只有十几分钟。由于温度较低，那些比较重的核素的生成量极少，可以忽略。

总之，在宇宙的起始阶段，质子和中子的密度非常高，在温度合适时，可在短时间内合成几个稳定的核素——D、^{3}He、^{4}He、^{7}Li，特别是D和^{4}He的原子核。随着宇宙进一步膨胀并冷却，电子与原子核结合形成相应的原子，例如电子与质子结合成为氢原子，电子与氦原子核结合形成了氦原子（大爆炸后38万年）。这些稳定的气体原子在宇宙的不同地方聚集成大小不等的气体星云，进而在重力的作用下不断收缩、密集形成恒星（大爆炸后1亿～2亿年才开始这一过程）。

二、恒星演化过程中的核素合成

前面说了，宇宙大爆炸后的原初核合成过程中只合成了几个比较轻的原子核，那么，在地球上，我们所发现的许多重的元素，它们的原子核

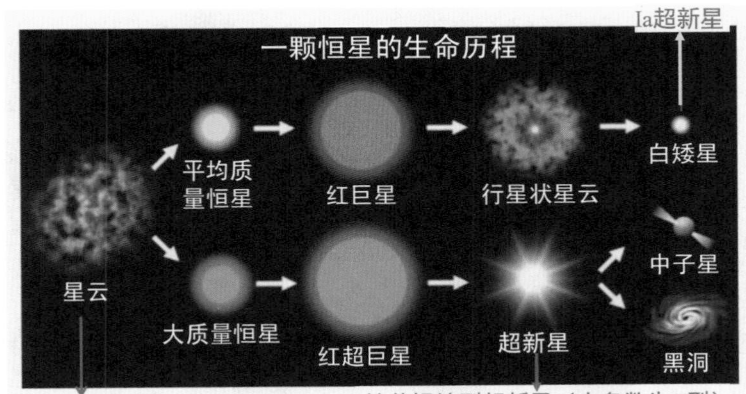

恒星演化示意图

是从何而来的呢？这就要从恒星的演化中寻找答案了。毕竟，从宇宙大爆炸后1亿年开始，恒星占据了宇宙的主导地位。

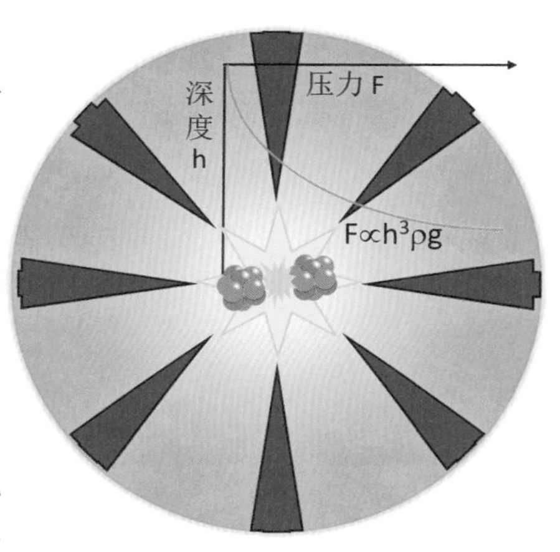

恒星内部压力与深度的关系

要探讨恒星演化过程中的核素合成，首先应该简单地回顾一下恒星演化的途径。宇宙的演化是一个漫长的过程，特别是恒星的演化，是要以亿年为单位计算其年龄的，不像人从生到去世，不过是百十年的事。大爆炸后1亿～2亿年开始的星云形成过程会一直持续十多亿年。星云中的密度也是不均匀的，密度大的地方在重力的作用下，会形成恒星。恒星的质量大小不一，小的只有太阳的1/1000，大的是太阳的上万倍，甚至更大。这些恒星的演化大概分为两部分，一部分是平均质量大小的恒星（与太阳质量差别不是很大的恒星），它们的归宿是红巨星—行星状星云—白矮星；另一部分是大质量恒星，它们老了就变成红超巨星（非常非常大的红巨星），再变成超新星，最后要么成为中子星，要么变成黑洞。

为什么恒星演化过程中有核反应发生呢？核反应是一个原子核与另外一个原子核碰撞的过程和结果。一个原子核要想与另外的原子核发生碰撞，它必须具有非常快的速度，也就是说具有非常高的能量。原子核如何获得能量呢？一是加热拥有原子核的物质，例如氢气，使其温度上升，达到一定的温度，譬如10×10^8K，氢原子核的运动速度就会达到8000千米/秒。用这样的速度直接撞击另外一个氢原子，就会产生一个氘核，同时放出一个电子和中子。另一个获得能量的方法，就是利用离子加速器加速原子核。恒星演化过程中重力作用使其内部加热,温度升高,从而产生核反应。核反应产生的热反过来抵抗重力导致的收缩。如果恒星质量超大,最终重力将战胜核反应产生的膨胀力,导致恒星坍缩为中子星。

在恒星演化的过程中会发生哪些核反应呢?为了简单起见,用表格的方式列出了恒星演化过程中发生的几种核反应过程:

恒星演化过程中的核反应过程

核反应过程	所用燃料	核反应的产物	反应时的温度	历经的时间
氢燃烧	H	He	$10\times10^6\sim30\times10^6$K	10^{14}秒
氦燃烧	He	C	2×10^8K	10^{13}秒
碳燃烧	C	O, Ne, Na, Mg	8×10^8K	10^9秒
氖燃烧	Ne	O, Mg	15×10^8K	10^7秒
氧燃烧	O	Mg到S	20×10^8K	10^7秒
硅燃烧	Si	Fe, Ni	30×10^8K	10^5秒
坍缩		直到Th	30×10^8K	0.3秒

燃烧过程其实就是用一种元素的原子核为基本核素所进行的核反应,好像用木材或者天然气作为燃料进行燃烧的过程那样。不过前者是核反应过程,而后者是化学过程而已。下面就每一种燃烧过程发生的背景做一些详细介绍。

1.氢燃烧

从上面的表格中可知,氢燃烧所需要的温度是最低的,只有10×10^6K ~ 30×10^6K。

在恒星形成过程中，由于重力引起的收缩，不仅使恒星的密度逐渐增加，还使恒星的温度也逐渐增加。当到达10×10^6K时，氢原子核的运动速度就可达到500～600千米/秒，就可以在与别的氢原子核碰撞时发生核反应，也就开始了以氢核为主要参与者的核反应。

核反应过程能否发生，需要三方面的条件，第一个条件是原子核要有足够大的速度。原子核都是带正电荷的，两个带同样电荷的离子在靠近时，就会相互排斥，这就需要它有非常高的速度（能量）克服库仑斥力。第二个条件是原子核的密度要足够高，也就是两个原子核碰到一起的机会要足够多。如果密度非常低，两个原子核碰到一起的机会非常小，即使两个原子核碰到一起就发生反应，发生核反应的数目一定是非常小的。都知道原子核非常小，两个原子核要在空旷的空间中直接撞在一起的机会非常小。我们可以计算一下，密度为1克/立方

大沙漠中的盲人

太阳是氢燃烧的最好场所

厘米的氢（这时氢就变成金属了），虽然1立方厘米内有大约3×10^{23}个氢原子核，两个原子核之间的平均距离仍是原子核本身大小的20多万倍。这时要求两个原子核相撞，就相当于200平方千米的范围中两个盲人跑步时要相撞一样，你能想象这是多么小的机会吗？第三个条件是碰到一起时发生反应的概率，即使撞到了，那么，两个原子核到底会发生什么事情，是撞了个满怀，还是擦肩而过？两个核拥抱在一起，互相融合，转化为一个新原子核的机会就更小了。在比较轻的两个原子核发生核反应的过程中，要放出大量的热量。

恒星演化的初始阶段通过重力做功，将气体压缩，其体积缩小的同时温度上升，再压缩会使气体转变成了液体，温度进一步上升，再压缩液体就会转变成密度和温度非常高的状态，甚至达到千万摄氏度。当恒星核心内达到10×10^6K，密度达到每立方厘米上百克时，就会发生核反应。例如太阳，从中心到0.25太阳半径的区域，温度高达15×10^6K，压力相当于3000亿个大气压，密度最高将近160克/立方厘米。这里是太阳的核反应——氢燃烧的区域，也是发射巨大能量的真正源头。

氢燃烧都包括哪些核反应呢？首先是氢与氢原子核结合生成D核，氢与新生的氘核反应生成^{3}He，两个^{3}He原子核再发生反应生成一个^{4}He原子核。总的效果是4个氢原子核聚合成一个^{4}He原子核。当然在这一过程中还放出拉两个正电子、两个中微子和两条γ射线。总共放出的能量大约是27百万电子伏（27MeV）。这个过程与宇宙大爆炸中的元素合成的核反应是一样的，不同的是这里最初没有中子的参与，都是由质子－质子的反应生成D、^{3}He和^{4}He的。有了氦元素的两个成员^{3}He和^{4}He，它们在这样的高密度和高温度的环境中，也有可能发生融合，生成更重的元素，反应式是^{3}He(^{4}He, γ)^{7}Be。但是，^{7}Be是一个短命鬼，平均寿命只能活70多天（半衰

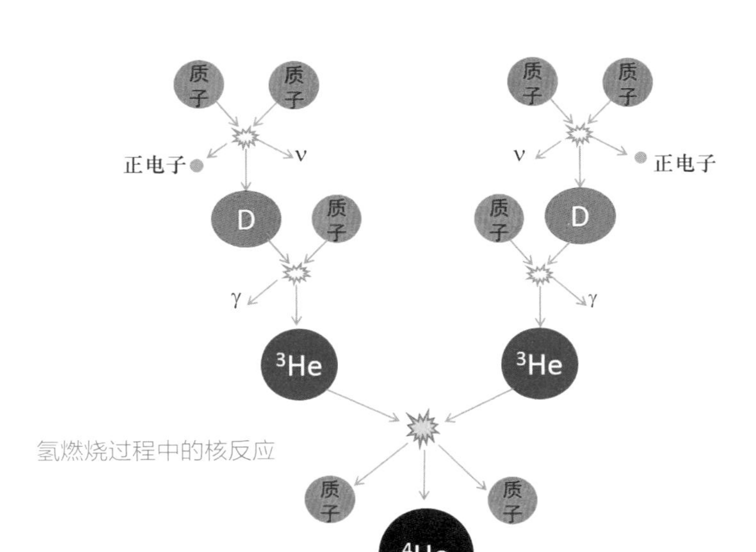

氢燃烧过程中的核反应

期53.29天），会发射一个电子和中微子，变成^{7}Li。同样，在这种环境中，^{7}Li也有很多机会与质子相遇，因此总有机会融合在一起，重新变成^{4}He，并发射γ射线。可以看出，从氦还回到了氦，这就是氢燃烧过程中的氦循环。

2.氦燃烧过程

当一个恒星完成氢燃烧过程后，产生了丰富的氦。恒星进一步收缩，温度也会进一步升高，这些氦原子核就会产生燃烧，这就进入了所谓的氦燃烧过程，即氦作为主要燃料所发生的核反应。

这种过程在那些比较老的，经历氢燃烧而积累了大量氦的恒星内部剧烈地进行着。在红巨星内部，那里的温度和密度比太阳核心附近更高。太阳存在丰富的氦，因此，也会发生氦燃烧。

氦燃烧首先是3个氦原子核的融合，这就是聚变反应，也就是

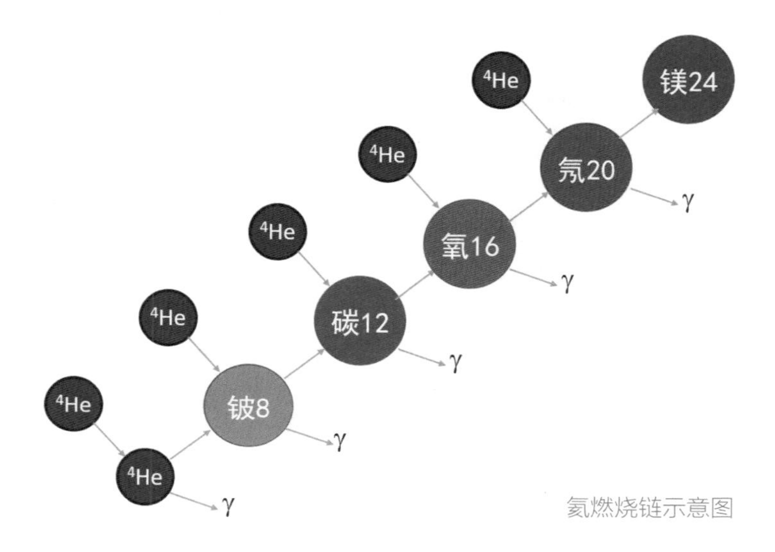

氦燃烧链示意图

3个氦原子核聚合在一起，形成一个新的原子核^{12}C。这个反应分为两步走，第一步是两个氦原子核聚合在一起，形成一个^{8}Be（铍元素的一个短寿命同位素）：

$$^{4}He+^{4}He\rightarrow ^{8}Be+16.72MeV$$

这个反应产物^{8}Be是一个短命鬼，很快就会再回到两个氦原子核。但是，不要忘记，这是在一个氦原子核密度非常高的环境中，^{8}Be原子核一出生就可能与另外一个氦原子核相撞，结果就撞出一个^{12}C，当然这个新生的^{12}C浑身滚烫，只有通过发射γ射线退烧。这就是下面的核反应过程：

$$^{8}Be+^{4}He\rightarrow ^{12}C^{*}\rightarrow ^{12}C+\gamma$$

上面两个核反应过程合在一起，就成了$^{4}He+^{4}He+^{4}He\rightarrow ^{12}C+24.148MeV$。这么多的能量是由γ射线带走的。这也只是氦燃烧的第一步。既然有了 ^{12}C，氦原子核也就有机会与它相会了，结果就有机会黏在一起，互相渗透，最后融为一体，形成新的原子核——氧原子核，用核反应式表示就是：$^{4}He+^{12}C \rightarrow ^{16}O+\gamma+27.148MeV$。有了新的原子核，氦燃烧还会继续前进，从而发生 $^{4}He+^{16}O \rightarrow ^{20}Ne+\gamma+4.74MeV$。过程还在发展，只要由新的成员进入，氦原子就会抓住一切可能的机会，与别的原子核发生关系，产出新生事物。原因是通过这些过程，可以放出能量。不需要消耗能量而又能得到新东西的事情，何乐不为呢！下一个反应就该是：$^{4}He+^{20}Ne \rightarrow ^{24}Mg+\gamma+9.31MeV$。

氦燃烧中，这一连串核反应的最终结果就是由氦原子核不断发生聚变，最后生成镁原子核。因此，氦燃烧过程是更重的元素，如氧、氖、镁等的一个来源。是否还有其他路径生成这些更重的核素呢？

碳核

白矮星中氦燃烧的结果

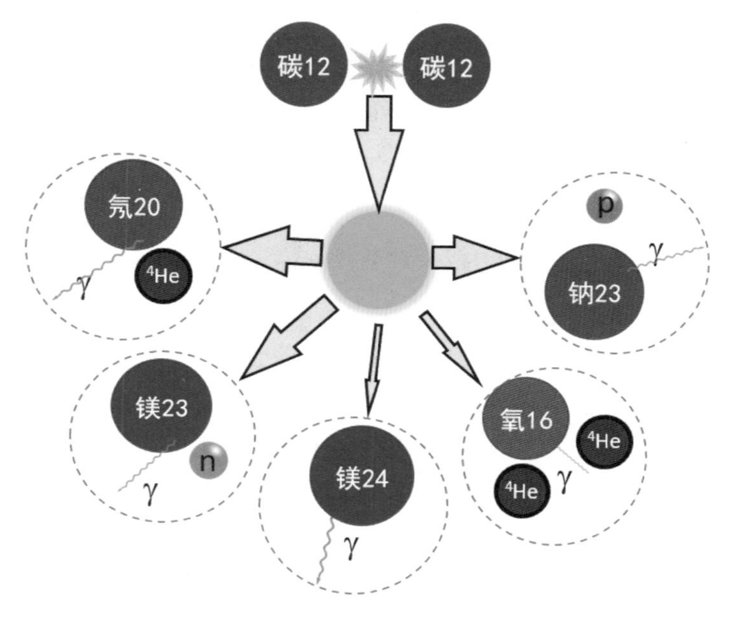

大质量恒星中碳燃烧示意图

3.大质量恒星中的碳燃烧

在大质量恒星中，氦燃烧生成的碳、氧元素，为恒星的进一步演化提供了燃料。由于氦燃烧使恒星核心部位的压力和温度进一步升高，当温度达到大约 20×10^8K，密度达到大约100千克/立方厘米时，碳与碳相撞时都可能以“牺牲”自身为代价，转化为一个新的原子核，同时放出大量的热。例如，碳与碳结合，生成一个具有非常高温度的镁原子核，当然这样的镁原子核是不能存活下来的，它会通过5种途径放出它多余的热量，以图留下自己的“后代”。不管是何种途径和何种产物，在放热的过程中都不会放出中微子。这样，就可以将放出的热量都保留在恒星的核心部位，从而进一步升高核心部位的温度，延缓核心被重力压缩的进程。此过程中会放出许多高能的γ射线。当γ射线的能量超过1.022MeV时，就会产生一对正负电子，正电子与负电子遇上，就会发生所谓的湮灭过程，即正负电子变成两条能量相同、相背而行的γ射线。这也是一种质量到能量的转换过程。从图中还看到碳燃烧有一条路径可以生成中子，也就是说碳燃烧也是一种中子源，它会为生成更重的原子核提供原料（中子）。

4.更大质量恒星中的氧燃烧

碳燃烧使核心温度进一步上升到26×10^{8}℃，密度增加到200

更大质量恒星中氧燃烧示意图

千克/立方厘米时，在氧元素丰富的壳层就会发生氧燃烧过程，即两个氧原子核将自己转化成一个高温的^{32}S，然后变成不同的“后代”，或者少许会直接生成其他“后代”。这里可能存在的通路主要有5条，另外还有2条次要的通路。特别是氧燃烧生成$^{31}P+p$和$^{28}Si+{}^{4}He$两条通路的概率占到了90%。也就是说，氧燃烧可以生成大量^{28}Si（34%），这就给进一步合成较重原子核提供了可能。

5.恒星演化中的核反应

氧燃烧也是一个放热反应，同样会使环境温度增加，不要忘记，恒星的质量非常巨大，自身的重力不断地使其收缩，增加恒星内部，特别是核心部位的密度和温度。上面两个因素使恒星核心部位的温度达到大约30×10^{8}℃，密度达到大约10吨/立方厘米时，在Si非常丰富的壳层中就会有一连串从硅开始的核反应，即硅燃烧。硅燃烧非常特殊，整个燃烧过程中，^{4}He都会参与其中，也有质子和中子参与。这个过程又是一个平衡过程。例如，每一步^{4}He与一个母原子核融合生成一个新的原子核，并以γ射线的形式放出能量。但是，新原子核又可能会被γ射线击中，而放出一个^{4}He而回到母原子核，或者是放出质子，也可能是中子。这样使得硅燃烧过程变得比较复杂：除了^{4}He与较重的原子核发生融合生成新原子核外，质子和中子都可以与已有的原子核发生融合，生成新的原子核。不管如何，生成的最重原子核是铁族原子核和少量的镍原子核。硅燃烧过程持续的时间大约只有几个小时至一天。如果恒星核心部位的温度更高，会产生爆炸性的硅燃烧，持续时间更短。

硅燃烧过程中为什么不会生成更重的原子核呢？这要从原子核的结构说起。原子核比较轻时，大都是由相等数量的质子和

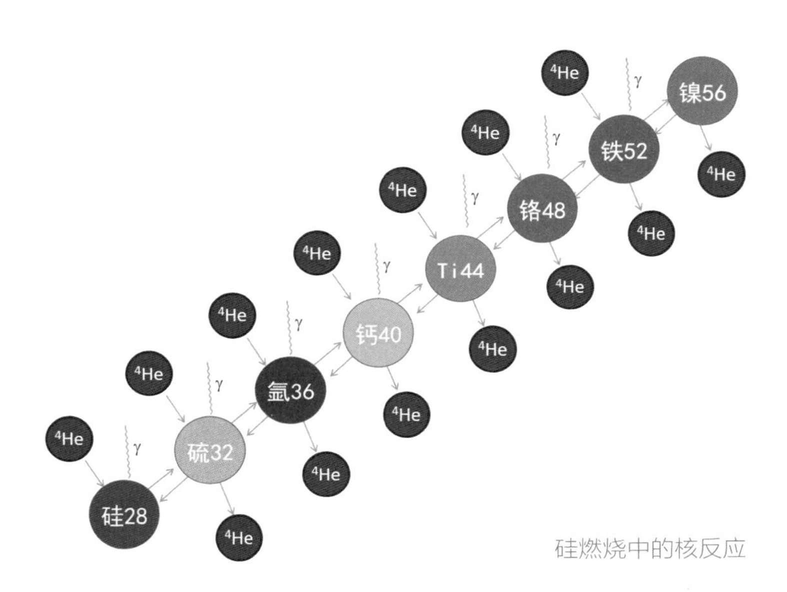

硅燃烧中的核反应

中子组成，并且随着原子核质子数的增加，原子核的结合能会变大，即由独立的质子和中子组成原子核时会放出更多的能量，这种现象一直持续到铁原子核附近。随着原子核内质子数的增加，要有比质子数更多的中子加入原子核，才能使其稳定。例如，20个质子和20个中子可以组成稳定的^{40}Ca原子核，但是26个质子和26个中子组成的^{52}Fe就是不稳定的，只有十几个小时的寿命。只有当中子数至少比质子数多2时，才能组成算是稳定的^{54}Fe（有极少的机会能俘获一个电子，变成^{54}Mn），如果中子比质子多4～6个时，组成的铁原子核就完全是稳定的了。都知道^{208}Pb是稳定的原子核，它的质子数是82，却有126个中子。总之，质子数比铁核多的稳定原子核，随着质子数的增加，中子数增加的更快，同时原子核的结合能也会逐渐减少。这就意味着，由两个比较轻的原子核合成一个更重的原子核时，需要

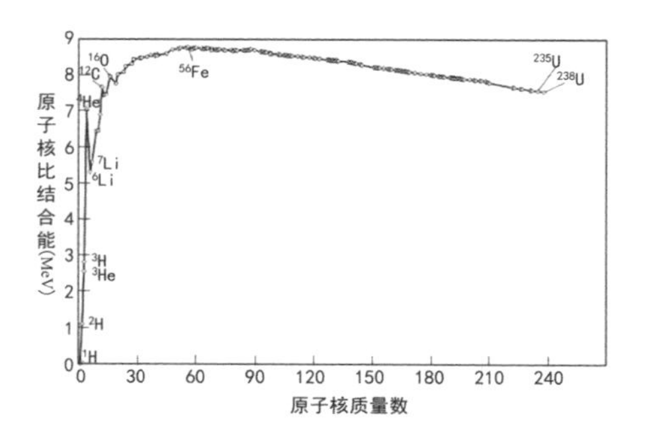

原子核的结合能的变化趋势

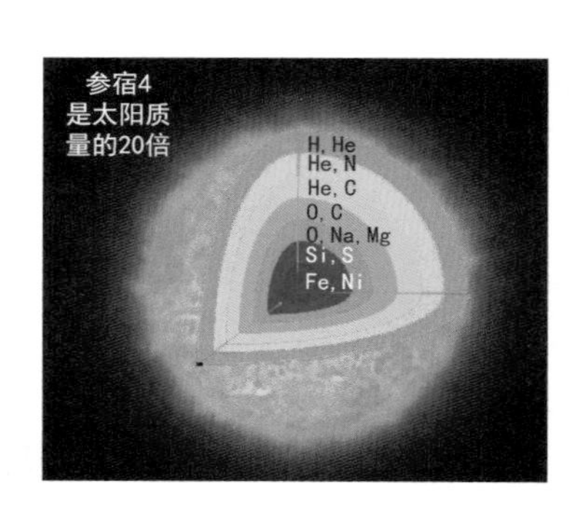

20 倍太阳质量的参宿 4 内部结构示意图

加入额外的能量。这与由两个很轻的原子核结合生成比铁原子核轻的原子核的情况恰好相反。因此，在硅燃烧过程中，生成更重的原子核时，放出的能量很少，甚至需要额外能量，以至于不能维持原子核合成的继续进行。另外，由于硅燃烧过程中放出的中子数不多，能生成的重原子核只能是中子数相对比较少的，它们的寿命必定较短，与其他原子核融合的机会就减少了很多。这两个原因导致硅燃烧截至在铁原子核附近。

由于在恒星核心部位发生的核反应都产生了恒星内最重的原子核，这使得恒星内部结构有点像一个洋葱的结构，恒星的最核心的部位成为一个温度极高的大铁球。对于超大恒星而言，它的重力会导致其发生猛烈的核塌缩，达到一定条件时，将发生Ⅱ型超新星爆发，最终形成中子星。超新星爆发过程会发生许多核反应过程，使其成为重元素的发源地。

超新星爆发

6.比铁重的原子核是如何形成的

自然界存在着质量数很大的，也就是说很重的原子核，如银、金、铅、铀等元素，它们又是如何形成的呢？它们主要通过两种过程产生:快中子过程(r-过程)，慢中子过程(s-过程)。

r–过程，就是快中子吸收过程。在r–过程中，一个原子核同时吸收多个中子，形成一个极丰中子的原子核，它的最后一个中子的结合能可能是零。由于中子数过多，这一原子核的寿命就非常短，很快就发生 β^- 衰变，放出一个电子，其质子数增加1，成为新的原子核。新生的原子核也是非常丰中子的，还要继续发生 β^- 衰变……，一直继续到最后一个原子核是长寿命的，或者是稳定的为止。r–过程可以合成到 ^{238}铅、^{235}铀、^{238}铀。这一过程所涉及的原子核都是非常丰中子的，绝大部分核的性质都还不清楚。当前，核物理学家正在努力探索合成这些核素，并研究它们的性质。

s–过程是指慢吸收中子的过程，它与r–过程有类似之处，都是吸收中子然后发生衰变，直到长寿命核，或者稳定核为止。但是，与r–过程最大的不同之处在于吸收中子的快慢。由于s–过程处于低中子丰度环境，例如氢燃烧过程中的CNO循环：$^{12}C+p \rightarrow {}^{13}C+n+\gamma$，$^{13}C+{}^{4}He \rightarrow {}^{16}O+n+\gamma$，可以提供自由的中子。有人认为在较小质量（<2.2M）AGB星中，后一个中子源的贡献比原来预期的小2.37倍。在较大质量（>2.2M）的AGB星中，中子来源于 $^{22}Ne+{}^{4}He \rightarrow {}^{25}Mg+n+\gamma$。这些中子源提供的中子数目有限，可能在 1×10^{8} 个/立方厘米以下。从铁原子核附近开始，通过吸收中子和 β^- 衰变过程，即（Z,A）$+n \rightarrow (Z,A+1)+\beta^-+\bar{\nu}_e$（电中微子），慢慢地合成到很重的原子核。一个原子核需要很长时间才能吸收一个中子，这一过程所涉及的原子核，都是距离稳定核不远的

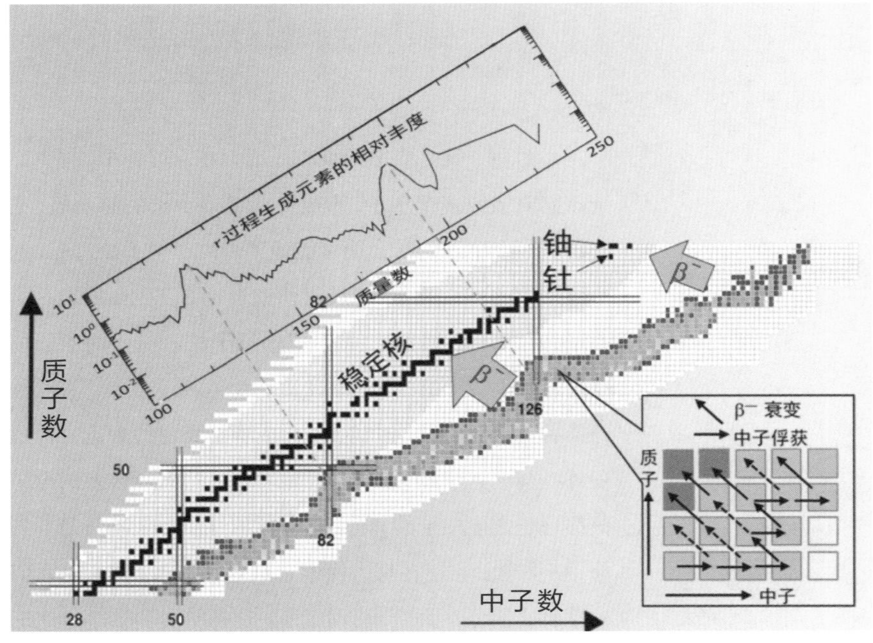

r- 过程

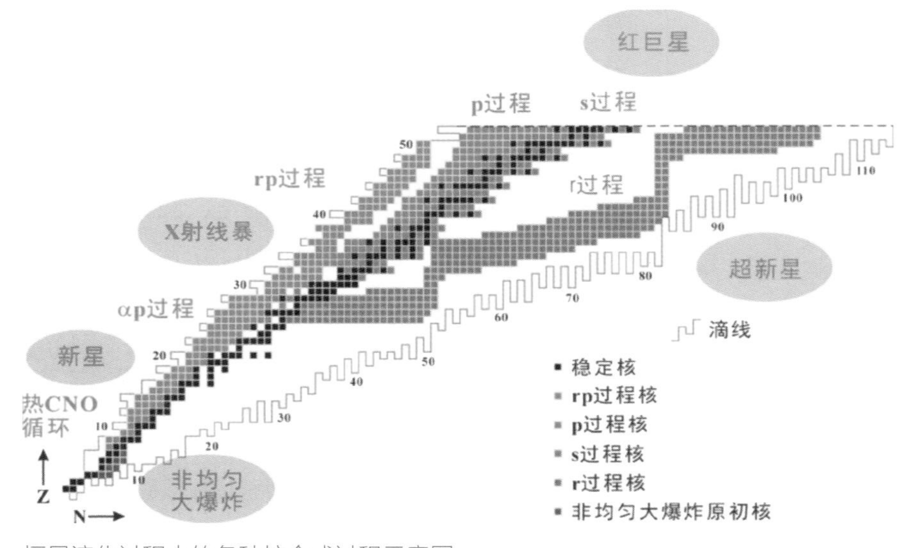

恒星演化过程中的各种核合成过程示意图

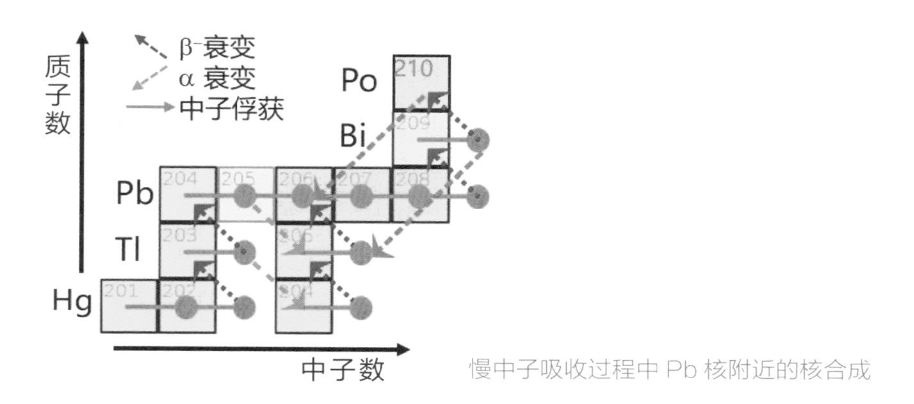

慢中子吸收过程中 Pb 核附近的核合成

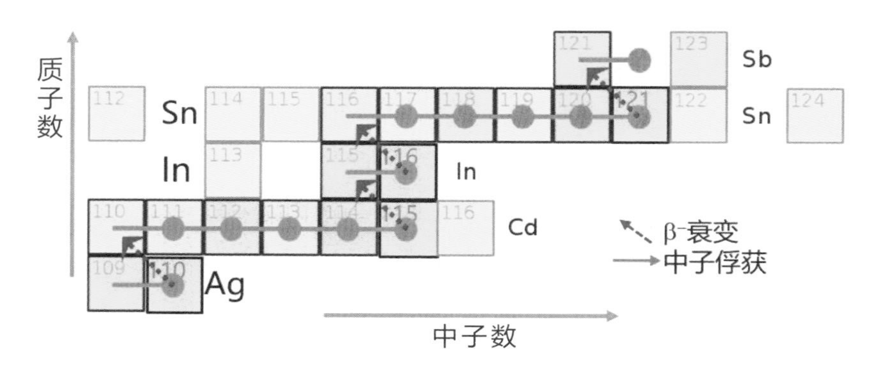

慢中子吸收过程中 Sn 核附近的核合成

那些丰中子核素。通过s–过程可以一直合成到82号元素 ^{208}Pb和83号元素 ^{209}Bi。由于 ^{209}Bi吸收一个中子后，就会成为寿命很短（半衰期5天）的 ^{210}Bi，它通过 β^- 衰变成为 ^{210}Po，寿命不到200天（半衰期138天），就放出一个 ^{4}He而回到 ^{206}Pb。

由于r–过程的存在，使得个别的恒星能够演化到一个几乎是完全由铅组成星体，这种星体被称为铅星。但是，这r–过程不能合成中子数比较少的同位素，即缺中子核素。那么，缺中子核素在恒星的演化中又是如何合成的呢？

快质子吸收过程（rp–过程），在这一过程中，由于有丰富的质子存在，环境温度又非常之高（10×10^8K），中子核就可以快速地吸收质子，然后放出正电，即β^+衰变，退回到比较稳定，寿命比较长的核素。用核反应式表示就是：X（p，γ）Y，$Y\rightarrow Z+\beta^++\nu_e$，Z（p，γ）R，$R\rightarrow T+\beta^++\nu_e$……。这个核合成过程中合成的核素都是一些缺中子核素。这种过程一直持续合成到^{105}Te为止。^{105}Te包含52个质子和53个中子，是一个寿命很短且发生α衰变的原子核。在^{105}Te附近还有许多具有α衰变性质的核素，它们组成了一堵厚厚的墙，阻止rp-过程继续前进。

快质子吸收过程的发生对环境条件要求比较严格，既要有极丰富的氢元素存在，还要有非常高的温度，使得质子具有非常高的速度。只有在这样的环境中，中子核才能在极短的时间内不断地吸收质子。天体物理学家普遍认为，在特殊的超新星爆发时存在这种环

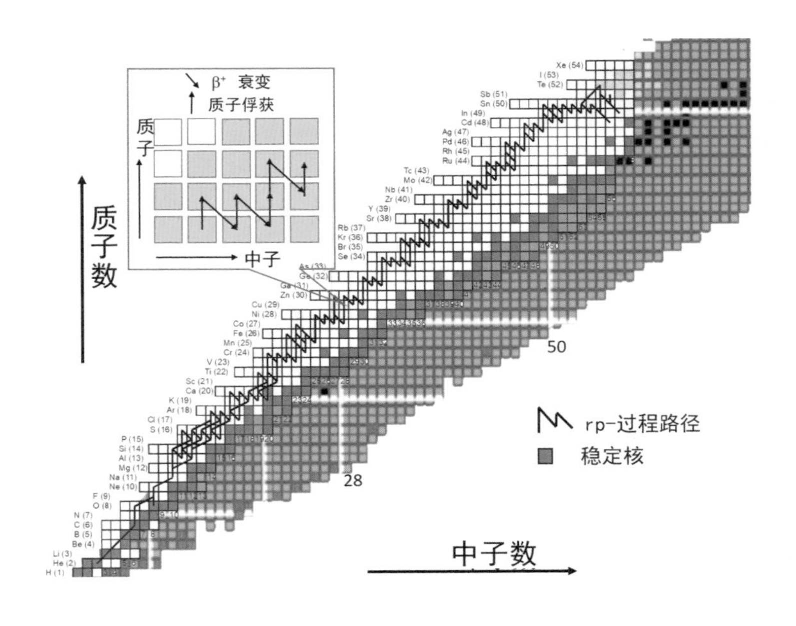

快质子吸收核合成过程的路径

境。这种环境的产生过程似乎是这样的：一个致密的天体，如中子星与一个气体（氢，氦）星球或者一个外围具有很厚的氢、氦气态层的星球靠近时，中子星施展“吸星大法”，快速的吸取气态星球的大量气体，在中子星的重力作用下，吸收的气体极速升温，发生快速的氢燃烧，温度持续升高，直到CNO循环，产生许多碳、氮、氧原子核。这些较重的原子核就成为rp–过程的中子核，同时也存在丰富的质子，环境温度也足够高（大约 10×10^8K），rp–过程也就从此开始，整个过程经历大约100秒左右的时间。上述过程也伴随着巨量X射线的瞬时发射，被称为X射线暴。

恒星演化的过程是漫长的，是几十亿年到上百亿

中子星吸收气态星球

年的事情，而一个原子核反应却是瞬间完成的（大约在亿亿分之一秒之内）。在漫长的过程中随时随地都可能发生核反应，并积累下来，结果就形成了现在的宇宙。根据对古老陨石的测定得知了太阳系中的元素丰度分布，也称为宇宙元素丰度分布。当然是氢和氦的丰度最高，锂、铍和硼的丰度显著降低，从碳开始就从另一个高位逐渐降低。还可以看到铁元素附近的元素丰度也很突出。不过这都是元素的稳定原子核，或者是具有特长寿命的原子核的丰度分布。

三、实验室中原子核诞生记

国际上第一位对原子核进行变革的人是卢瑟福，他虽然没有合成新的核素，但是他将原来的一种核素变成了另一种核素。1919

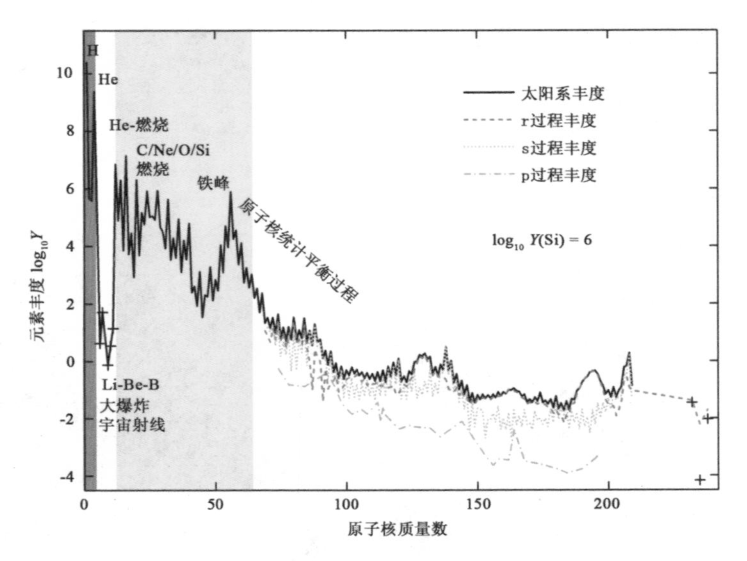

太阳系中元素丰度分布

年，卢瑟福利用来源于镭原子核衰变放射出的α粒子轰击纯的氮气，不仅发现了质子，还产生了氧，核反应式是 $^{14}N+\alpha\rightarrow{}^{17}O+p$。当然，$^{17}O$的鉴别还是布兰克特在1925年完成的。1932年，查德威克利用$^{9}Be(\alpha,n)^{12}C$反应不仅变革了原子核，还发现了中子。近百年来，在实验室中合成和研究的新核素已接近3200种。

卢瑟福（1871—1937）

1.合成新核素应具备的条件

前面已经讲过，在太阳系中观察到的原子核绝大多数都是稳定的，只有少量特长寿命的。这些核素的总数也只有287个。在恒星演化过程中涉及许许多多短寿命的核素。那么到底有多少种核素？它们的性质如何变化？为此，核物理学家千方百计地在实验室合成和研究那些短寿命的家伙。到目前为止，总共合成并研究了近3200个核素，从中对原子核的结构、性质变化有了许许多多的认识，并为原子核的利用指明了方向。

美国 A4W 船用核反应堆

原子核是由质子和中子组成的，质子和中子都非常小，质子与质子之间还存在库仑斥力，如何按照人们的意志将质子和中子组合在一起，成为一个新的原子核呢？你总不能用手将它们放在一起，即使是最精密的工具——能够捕获原子的光学镊子也对质子和中子毫无办法。要想组成新的原子核，就必须从已有的原子核下手，利用特殊的工具，通过不同的途径对其进行探索。

在实验室中常用的工具有两种：一种是放射源,可以放射出粒子，包括中子、α 粒子、高能 γ 射线。第二种是离子加速器。放射源是早期实验用的工具，可以是天然的，也可以是人造的，使用较多的是核反应堆的中子源。加速器作为后来使用的主要工具，它有许多类型，例如高压倍加器、串列加速器、回旋加速器和同步加速器。无论是放射源，或者是加速器，都是提供炮弹，如中子、轻离子和重离子等，利用这些炮弹轰击其他原子核，以得到新的原子核。在这一过程中需要合适的靶原子核，一般都会选择稳定原子核构成的材料，如用固体的或者是气体材料制成需要的靶子，以备使用。还有一个不可缺少的条件就是需要有探测、鉴别新合成原子核的设备。根据需要，其结构可以是简单的一个探测器或是几个探测器的组合，更复杂的是由几种不同类型的探测器组合起来的鉴别系统，如超重核鉴别系统。

在国际上，具备上述条件的核物理实验室主要有美国的伯克利实验室、俄罗斯的杜布纳核物理实验室、德国的达姆施塔特重离子研究所、

美国建成的世界第一台回旋加速器

RIKEN 的超导环形加速器（直径 18.4 米）

世界上主要核物理实验室的分布

中国科学院近代物理研究所（以下简称近代物理所）、日本理化学研究所、密歇根州立大学–美国能源部联合研究室等。这些实验室不仅具备很好的实验设备，还集中了一批优秀的核物理理论学家和核物理实验学家，每年都有大量科研经费的投入。随着新核素合成和研究的发展，这些实验室还在不断发展和更新相应的设备，向更新的目标进发。在加速器的发展过程中，最初只有简单的高压倍加器，只能提供低能的轻粒子束流，这对于研究同样一种元素的更丰中子或者更丰质子的新核素是不够的，这促进了重离子加速器的发展。合成超重新核素需要更强的束流强度，为此，发展了强流重离子加速器，能够提供的束流强度可以是原来的几十倍，甚至上百倍。俄罗斯杜布纳核物理实验室的加速器可以提供的^{48}Ca（^{48}Ca由20个质子和28个中子组成，是钙元素中质子数最多的稳定同位素）束流，强度达到2×10^{12}个/秒，一般的加速器只能达到10^{10}个/秒。

俄罗斯杜布纳弗里洛夫原子核研究实验室的超重谱仪

2.合成新核素的几种途径

合成新核素，首先需要选准目标。在不同的时代，有不同的研究对象，当然都是从简到难，从离稳定核最近的核素开始，一步一步地向外扩展。更重要的一步是选择变革的途径，不然路走偏了，离目标就会越来越远，且浪费人力和财力。幸好，核物理理论学家的研究给出了许多可选的路径，为实验物理学家提供了方便。以下是几个典型的生成新核素的方法：

中子俘获　像恒星演化过程中的慢中子俘获过程那样，用中子束照射靶核合成比较丰中子的新原子核。

复合核过程　即将两个原子核熔合为一个原子核的过程。一般情况下，新生的准原子核都是处于高激发态，非常热，非常不稳定，它会通过放出粒子，包括中子、质子、粒子或者更重一些的离子散发自身的热量，最后形成一个稳定的新原子核。

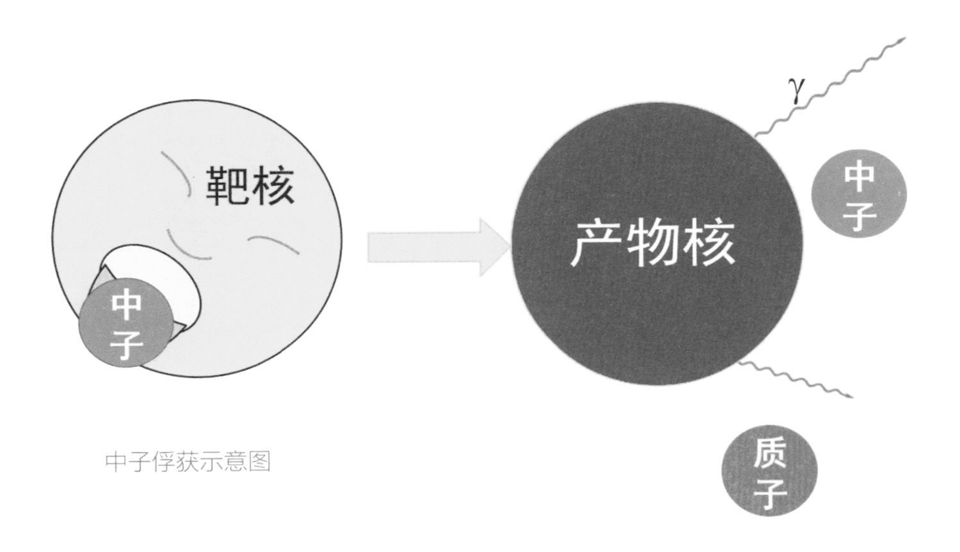

中子俘获示意图

重原子核裂变　一个非常重的原子核可能自身就不稳定，会自动裂开为两个甚至于三个碎片，每个碎片都会形成一个原子核，这里面就会有新的原子核。利用中子或其他离子轰击非常重的原子核，促使其发生裂变，也可以产生新的原子核。

炮弹核的碎裂　将一个原子核加速到非常高的速度，每秒几千至几万千米，然后用它去撞击靶原子核，它就会粉身碎骨，形成许许多多的原子核，其中就会有许多新原子核。

散裂反应　一般是指利用高能质子轰击重原子核，使其碎裂为多个碎片和粒子，碎片中可能包含新的核素。

转移过程　当两个速度不太高的原子核相撞时，如果是擦肩而过，一个原子核当中的几个核子（包括质子和中子）就有可能见异思迁，转到另一个原子核中去，从而形成新原子核。

下面就对这几种途径进行比较详细地介绍。

（1）俘获中子合成新核素（同位素）

1932年以前，科学家都以为原子核是由中子和电子组成的。1932年，一个

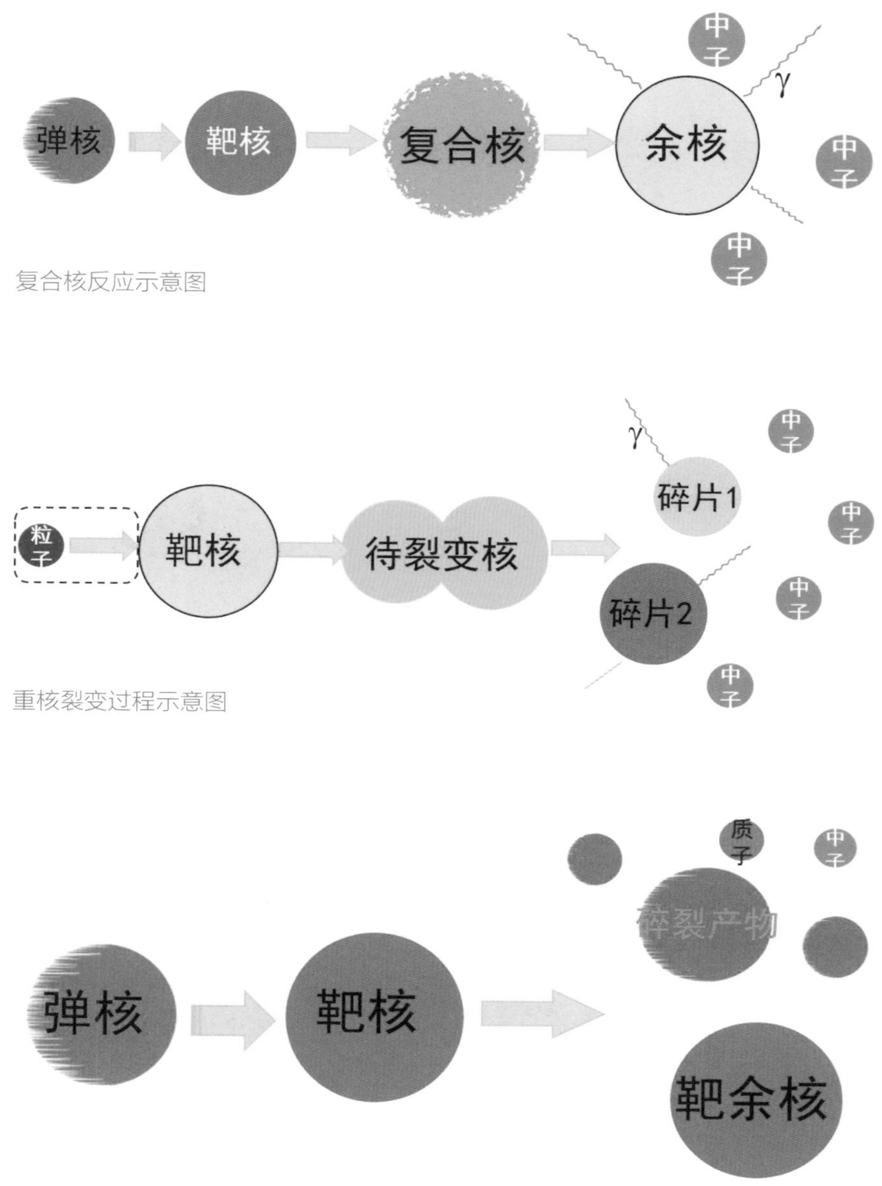

复合核反应示意图

重核裂变过程示意图

炮弹核碎裂过程示意图

名叫查德威克的物理学家用α粒子轰击铍时，探明有^{12}C产生，但是“从碰撞过程中能量守恒和动量守恒来看，很难解释这一结果。如果还有另外一个质量数为1，电荷为0的产物——中子生成，困境就烟消云散了”。由此，就改变了原有的观念，认为原子核是由质子和中子组成的。在此后仅仅1年，美国芝加哥大学的几位学者就利用这种新的粒子——中子——轰击氟[^{19}F（n，α）^{16}N]，并用一种称为威尔逊云室的探测器观测到了^{16}N的飞行轨迹。但是，还不能确定^{16}N是不是稳定的。这算是第一例利用中子俘获制造新原子核的实验了。随后，意大利物理学家费米利用中子轰击从氢到铀的一系列靶原子核，期望产生新的核素（同位素）。为了更准确地鉴别出新的同位素，他们不仅使用不同同位素丰度的靶物质，还对产物进行了化学分离，并测定其衰变寿命（半衰期），得到了许多新的

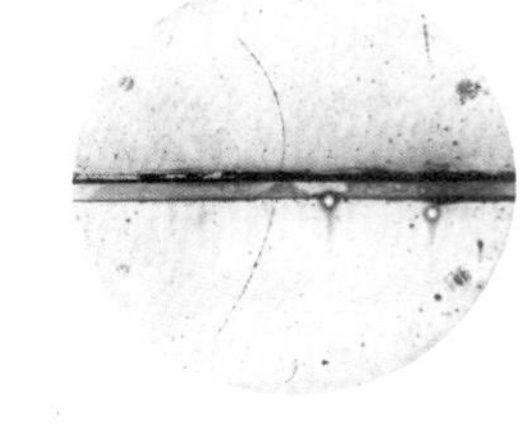

云室中的粒子轨迹

查尔斯·威尔逊发明的云室

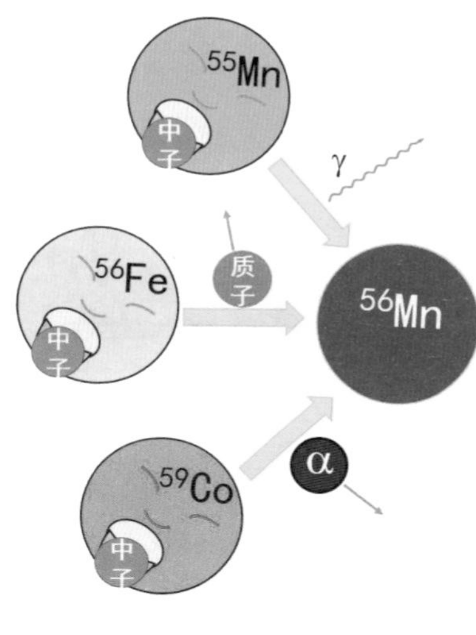

中子俘获过程示意图

结果。这表明，几个不同的反应过程都能生成同一个核素，例如^{55}Mn、^{56}Fe、^{59}Co三种不同的原子核俘获中子后都能生成^{56}Mn，只是伴随的出射物不同而已。发射的粒子是随机的，但是谁最有利于复合核最快散发掉自己的“热量”，谁的发射概率就最大。

在以上的中子俘获反应中，利用的中子源都是由天然的α射线诱发产生的。1933年，由于粒子加速器研制成功，例如静电倍加器，特别是美国伯克利的回旋加速器研制成功，可以将质子加速到1.2MeV，随后不仅提高了质子束流的能量，而且还能加速氘核和α粒子。这样就增添了新型的中子源——利用带电粒子轰击不同的稳定原子核产生中子，进一步扩展了中子的来源。利用加速器中子源生成了许多新的核素（同位素）。例如，1935—1945年的11年间，利用加速器的中子源就产生了80个新核素。

（2）中子诱发裂变及新同位素的发现

19世纪30年代中期，意大利物理学家费米用800毫居里（1毫居里=3.7×10^7个/秒，即每秒有3700万个粒子放出）的镭-铍中子源辐照铀样品。他根据所观测到的放射性现象，说得到了比铀的原子序数大的元素——超铀元素，成为他1938年获得诺贝尔奖的主要原因。不久，化学家诺达克就出来反对，说费米的中子源辐照铀得到93号元素还没有证实，这也可能是当重核被中子轰击后，分成了相等的两部分——裂变。尽管

1937年哈恩和梅特娜也说是中子轰击铀生成了超铀元素，但很快，梅特娜等人就对此提出怀疑，认为是^{238}U吸收一个中子形成^{239}U。到1939年发表文章时，尽管不敢直接说自己发现了裂变现象，但是哈恩他们认为，从化学性质上讲，所谓的超铀元素更类似于铼、锇、铱、铂，甚至是更轻的锝、铑、钌、钯。作为化学家，诺达克将实验发现的所谓镭（Ra）、锕（Ac）、钍（Th）归属于钡（Ba）、镧（La）、铈（Ce）。1939年2月，由梅特娜和弗里奇发表的文章中，就直接将上述结果归结为裂变，并用水滴受到强烈冲击会裂开一样，对裂变过程给出了解释。比他们早几天发表的文章中，哈恩和斯特拉斯曼也肯定了在裂变过程中发现的第一个同位素^{140}Ba。1939年发表的费米获奖（诺贝尔）演讲稿中，作为脚注也指出，由于哈恩等人的发现，对中子源辐照铀样品所产生的超铀元素中的问题都需要重新检验。

1940年，麦克米兰和亚伯森等人利用伯克利的回旋加速器产生的中子轰击铀样品，成功地对辐照样品的氟化物进行了提取，并测量了氟化物的β衰变曲线，并由此确定了较长半衰期的产物与93号元素有关。1949年，在阿姆斯特丹举行的第15届国际化学联合会(IUPAC)

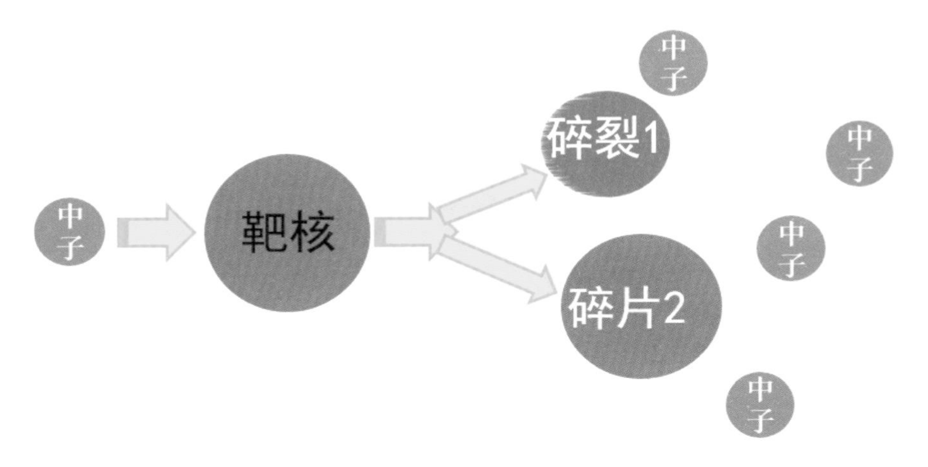

中子诱发裂变过程示意图

会议上正式接受了“镎（Np）”这个名字。

由于加速器中子源的应用，1935—1945年的11年间，又鉴别出80个新同位素。这也说明加速器在生成新核素方面具有重要的作用。

前面说过，核反应堆也是一个重要的中子源。在核反应堆中，^{235}U原子核作为核燃料，通过吸收热中子发生链式反应，发生裂变并放出大量中子，在每平方厘米中每秒就有大约1万亿至10万亿个热中子通过，即热中子通量在$10^{12}\sim10^{13}$/（秒·平方厘米），有的更高可达10^{14}/（秒·平方厘米）以上，可以用来合成新核素。

第二次世界大战期间，美国为了制造出原子弹的另一种高效炸药^{239}Pu，特别建造了高通量中子反应堆，例如爱达荷州实验室的材料试验堆、阿贡实验室的反应堆以及洛斯阿拉莫斯的反应堆等。通过在反应堆中长时间的中子照射，他们发现了^{245}Pu、

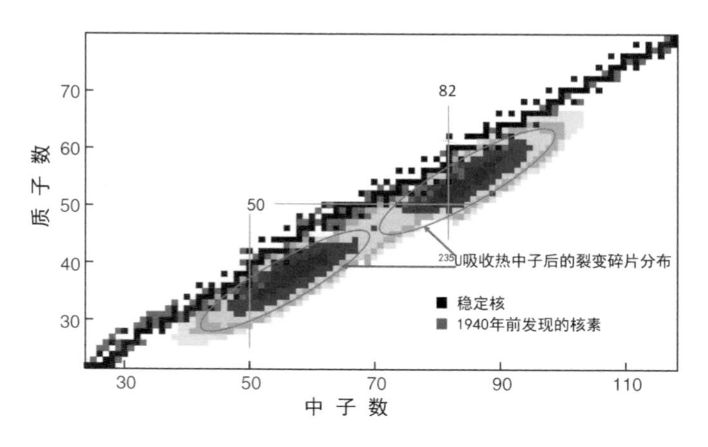

热中子诱发^{235}U裂变的碎片分布（红圈内部分）

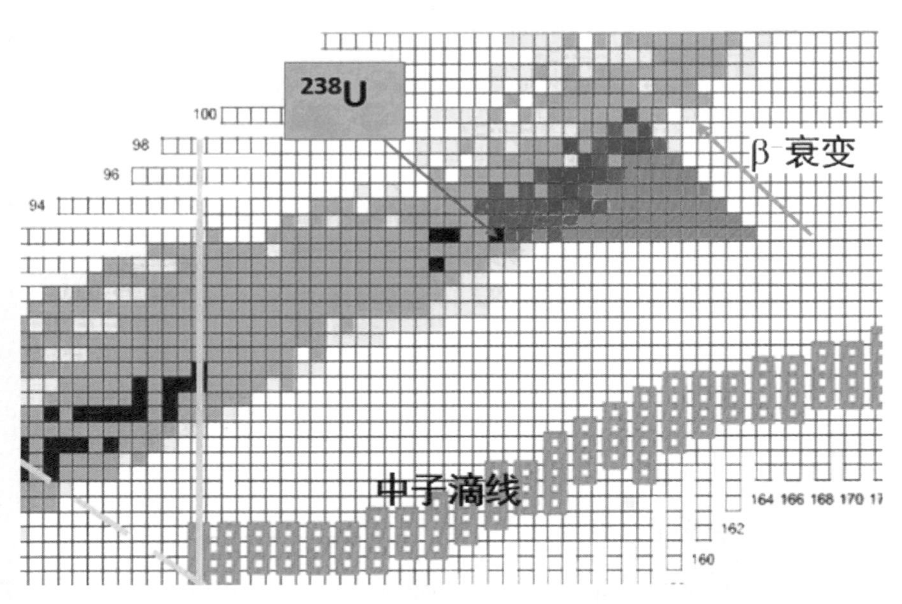

在核爆炸中合成的新核素（图中红色三角区）

^{243}Am以及^{257}Fm。1980年，在美国利弗莫尔的池型反应堆中通过中子的照射发现了^{255}Cf和^{256}Es。1980年，苏联科学家在高通量堆SM-2上通过辐照Pu和Cf靶材料，发现了^{247}Pu和^{257}Es。但是，由于中子通量还不是特别高，因此，通过中子俘获合成的新核素还很有限。

1971年，西欧核子中心在反应堆近旁成功建造了在线同位素分离器以后，可以在非常短的时间内就能将所要的核素分离出来，因此，又发现了大约70个新核素，其中绝大部分都是短寿命新核素。利用加速器中子引起的裂变反应也发现了10多个新核素。

核爆是一个中子通量极高的场所，在核爆中心中子通量甚至高达10^{20}中子/（秒·平方厘米）。因此，就像在天体环境中的快中子吸收过程那样，在此场所^{238}U瞬时吸收多个中子，在经过一系列的β^-衰变后，形成许多超铀元素的丰中子同位素。例如，在世界上第一枚氢弹迈克的试验场地就收集到从铀到镄（100号元素）的70多种新的超铀同位素。

（3）轻带电粒子轰击靶原子核合成新核素

轻离子与各种稳定的靶原子核碰撞，形成一个新的原子核时，由于轻离子的核电荷数很少，它与靶原之核间的库仑相互作用较弱，这意味着速度较低的轻带电粒子就可以突破弹核与靶核之间的库仑屏障，从而与靶原子核融合在一起。但是，所合成的新原子核的质子数与靶原子核的质子数相差不大。

1932年初，中子发现之后，居里夫人很快就利用天然的α放射性轰击一系列天然靶原子核，如硼、镁、铝，并利用盖格计数器对产物的放射性进行检测，并反复确证，发现了新的放射性同位素 ^{13}N、^{28}Al 和 ^{30}P。由于天然α粒子放射性的能量有限，多数在5～6MeV，利用它轰击更重的原子核产生新同位素的概率非常小，甚至根本不可能产生。

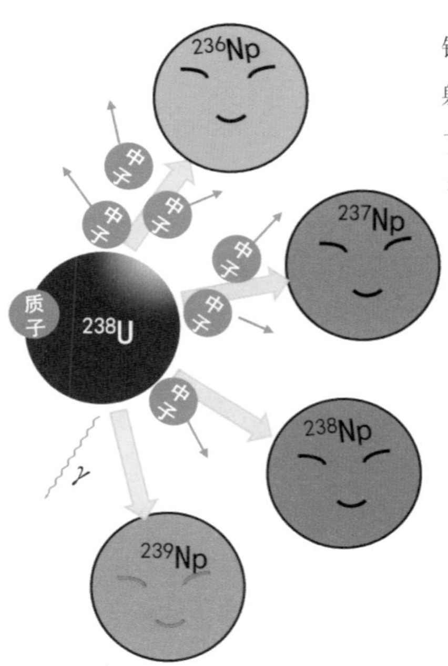

质子轰击 ^{238}U 产生的不同的新核素

由于加速器的建成，可以加速种类更多的带电粒子（d、p等），其能量也可以更高。使得弹核与靶核的组合更多样化，同一种弹核，不同能量下，最终产物也会有更多的变化。例如，同样是 ^{238}U 靶核，它吸收中子后只能产生更丰中子的U同位素，然后依赖衰变产生不同的Np同位素。而利用不同能量的质子束流轰击^{238}U，就很容易在实验室中直接产生Np的不同同位素：^{238}U（p，γ）^{239}Np、^{238}U（p，n）^{238}Np、^{238}U（p，2n）^{237}Np、^{238}U（p，3n）^{236}Np。1942年，美国伯克利实验室的西博格教授就利用加速器提供的氘束流轰击^{238}U，通过^{238}U(d，2n）^{238}Np产生了93号元素^{238}Np。随后的几年中，带电粒子引起的核反应逐渐成为在实验室中产生新同位素的主要途径，利用这些轻带电粒子引起的核反应合成了许多新的超铀元素。

（4）重离子复合核反应

轻离子的质子数只有1或2，无论与什么靶原子核发生熔合，也只能在原有靶原子核的质子数基础上再增加1～2个质子，这就大大限制了更重的原子核的合成。为了合成更重的新核素，甚至超重元素，需要有更重的原子核作为炮弹去轰击别的原子核，从而形成更重的目标核。在20世纪60年代，苏联科学家根据壳模型的计算指出，在以质子数为114、中子数为186为中心的一定范围内，存在一些稳定的原子核——这片区域称为超重稳定岛。这极大地激发了核物理学家对原子核合成的热情。为此，国际上陆续建造了一些重离子加速器。例如，苏联在1968年建成了第一台重离子加速器U200，可加速从D到Ne的各种离子，1979年又建成了更大的加速器U400，可以加速从Li到Bi的各种重离子，束流的强度也大大提高，专门为合成超重元素使用。经过不断改进，使得合成新元素常用的^{48}Ca离子束流的强度达到3×10^{12}粒子/秒。

为了进入重离子物理这一领域，中国在1970年也将原来的1.5米经典回旋加速器（只能加速轻粒子p、d、^{4}He），经过50多天的时间，改造成为可以加速^{12}C、^{14}N和^{16}O的重离子加速器，并利用这些

U400 是苏联建造的等时性回旋加速器

重离子束流合成了一些超铀元素的同位素，从而成为中国核素合成和重离子物理研究的开端。

为了合成更重的新核素，特别是超重核素，在理论上也提出了复合核的概念，并发展成为复合核理论。该理论认为两个重原子核相互碰撞时，只要能量适当，就可以熔合在一起，成为一个热的、短暂的复合体系。这个复合体系对其前身是没有记忆的，它只会按照一定的规律蒸发粒子和发射射线，从而成为一个稳定的原子核。当然，从复合体系的形成到最后稳定下来，需要的时间是非常短的，最长也只有大约10^{-16}秒。

一般来说，重离子加速器提供的重离子炮弹，中子数与质子数之比都在1～1.2，极个别的会达到1.4，例如^{48}Ca，它有28个中子、20个质子。而能够作为靶原子核的，都是稳定的核素。当炮弹与靶原子核熔合成一个热的更重复合体系时，其总的质子数和中子数是不变的。我们知道，自然界中对于稳定的原子核而言，随着原子核质量数（A）的增加，中子数（N)的增加要多于质子数（Z)的增加，基本遵循$N/Z = 0.98 + 0.0155A^{2/3}$的规律。由于这一规律的存在，在利用一般的稳定同位素作为弹核和靶核的反应组合时，最后得到的热复合体系是相对缺中子的。而且，热复合体系退激的途径一般是首先蒸发中子，如果实在是太缺中子，才先蒸发质子和其他轻的带电粒子。所以，最后合成的稳定原子核都是缺中子的。为了合成较为丰中子的原子核，就必须利用丰中子的炮弹和丰中子的靶原子核进行组合，例如，利用各种元素中最丰中子的同位素，如^{48}Ca、^{64}Ni、^{70}Zn等作为炮弹核，它们的中子数与质子数的比值达到1.2，甚至达到1.4。^{48}Ca同位素在超重元素的合成中做出了重要的贡献，利用它分别与铀、钚、锔、锫和锎等元素组合，合成了112、114到118等6种超重元素的多个缺中子核素，从而使元素周期表扩展到了118号元素。

近年来，为了合成重的丰中子核素，特别是长寿命的超重核素，科学家提出利用非常丰中子的放射性核素作为炮弹，例如^{92}Kr，它的中子与质子的比值大于1.5，轰击丰中子的靶核，以合成理论预言的更

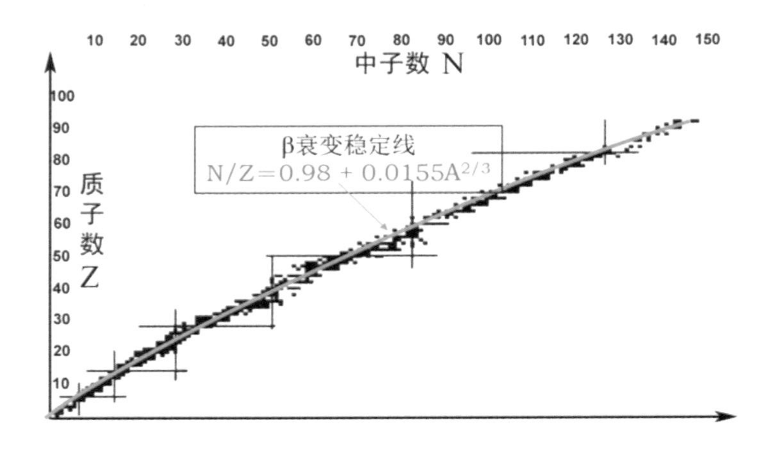

核素图中的稳定线

长寿命的丰中子的超重核素。但是，现阶段一个更大的困难是这些极丰中子炮弹的火力强度还差太多，不能满足需要，还需要继续努力。

利用复合核反应合成希望的目标核，需要仔细地选择弹核与靶核的组合。当然，首先是弹核与靶核的质子数之和应与目标核的质子数相等，甚至略大一二，这样才能有机会获得目标核。还有，弹核与靶核在质子数上的差别尽可能大一些，这非常有利于它们熔合在一起。从理论上讲，形成质子数相同的一个复合体系，弹核与靶核质子数差别越，反应系统的库仑位垒就越小，从而增大得到目标核的机会。同时，复合体系的温度也就越低，通过蒸发较少的粒子就会稳定下来，成为一个稳定的原子核，其中子数也会多一二个。特别是在合成超重元素时，多一个中子，其寿命就会增加不少。

20世纪60年代后半期开始建造重离子加速器以来，大大丰富了弹核与靶核的组合，使得通过复合核反应的途径合成新的核素有

弹核与靶核逐渐的库仑位垒示意图

了快速发展，在随后的几十年中合成了近千种新的核素。特别是在超重元素的合成中，目前还是唯一的反应途径。下图是历史上各个时期合成的新核素分布，从中可以看出20世纪60—90年代合成了大批新核素，也包括90年代以来合成的所有超重核素。

（5）炮弹核的碎裂

首先，既然是碎裂，其碎裂的产物的质量数A就一定比原来的弹核小；其次，每一次碰撞，碎裂的产物也不会相同，碎裂后的产物各种各样，有轻有重，有非常缺中子的，也有非常丰中子的。如果弹核和靶核都是丰中子的，弹核碎裂后，产生丰中子产物的概率就大些，反之则小一些；第三，每次碰撞后碎裂的产物多少与炮弹核的速度有关，与弹核与靶核的中心对准程度也有关系。

自从20世纪80年代通过高能重离子碰撞产生所谓的中子晕核，例如^{11}Li（有3个质子8个中子，有两个中子分布在距离核心^{9}Li很远的范围内）发现以来，利用弹核碎裂反应生成了许许

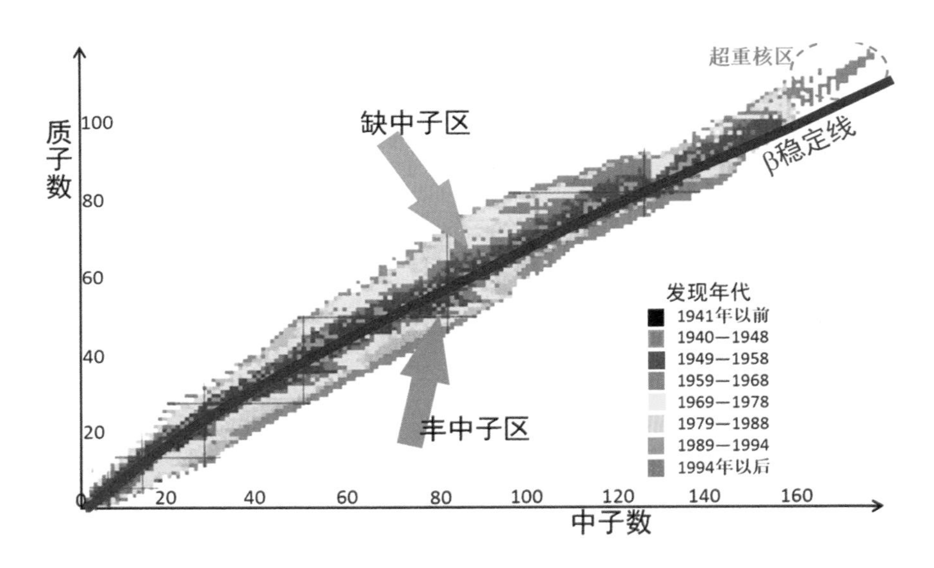

复合核反应合成了 β 稳定线左侧绝大部分新核素

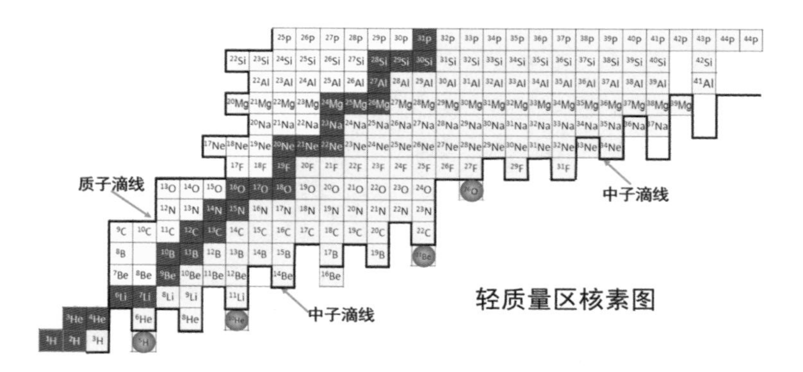

轻重量区的核素图，粉红色代表是中子晕核

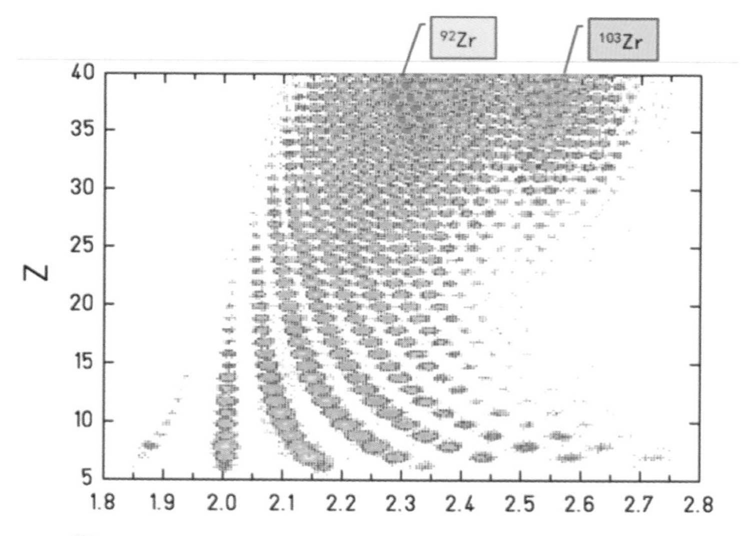

高能 ^{238}U 弹核碎裂产生的部分核素

多多的新核素，特别是质子滴线附近的核素和极丰中子核素，从而进一步扩大了核素的版图。例如，德国重离子物理实验室利用每个核子1000MeV的 ^{238}U与Ti原子核碰撞，一个实验下来就可观察到几百种核

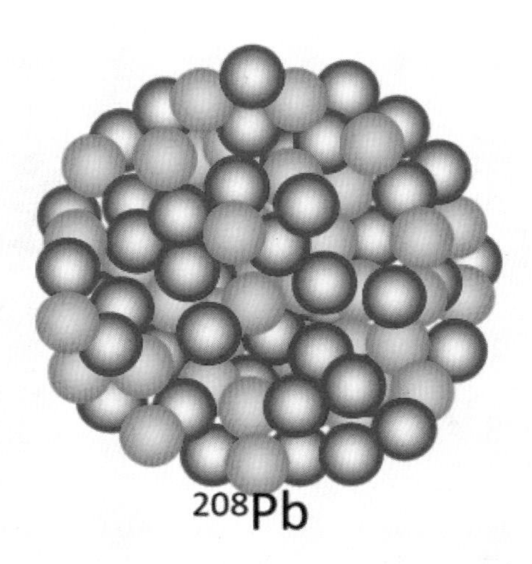

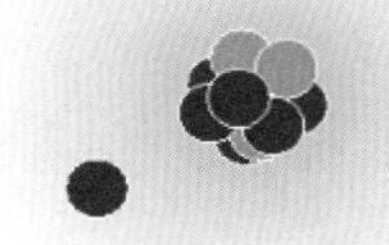

晕核 ^{11}Li 的半径与 ^{208}Pb 核半径的比较

素。上图是一个实验中观测到的一部分核素的分布图，图中每一个小斑点，代表一种核素。从图中可以看到，氖元素的同位素从缺中子的 ^{19}Ne（Z=10，N=9）一直延续到非常丰中子的 ^{32}Ne（N=22）。1990年以后观测到的所有核素中，除了超铀区的以外，绝大部分都是通过炮弹核碎裂反应生成的。特别是在原子核质量数小于40的区域，几乎达到了中子滴线，例如观察到了 ^{8}He、^{14}Be、^{42}Si 和 ^{44}S。

1985年，日本科学家在美国伯克利实验室利用800MeV的 ^{20}Ne 与Be原子核碰撞，由弹核碎裂反应产生 ^{11}Li，并将其用作束流，再与 ^{12}C 靶核碰撞，测量了

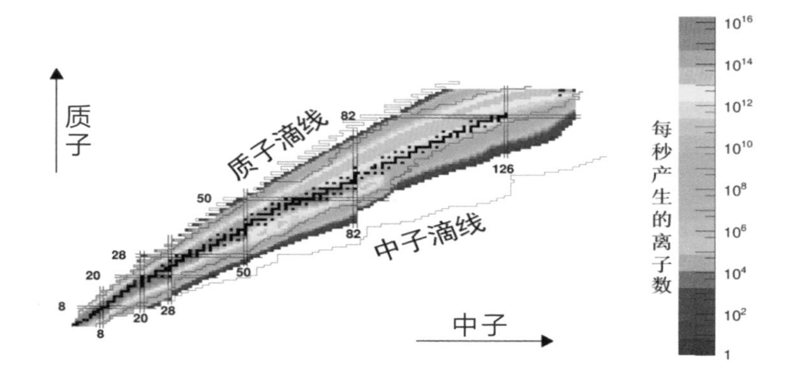

中国正在建设的强流重离子加速器预期产生的放射性离子强度分布图

它们的相互作用概率，发现 ^{11}Li原子核具有特别大的半径，几乎与 ^{208}Pb（由208个核子组成）原子核的半径相同。由此推断，^{11}Li是由核心部分 ^{9}Li和弥散在核心外围区域的2个中子组成，核心外围的这两个中子形成了类似晕的结构，称为晕中子，因此 ^{11}Li是一个具有晕结构的原子核。同时，还发现 ^{6}He和 ^{8}He也有同样的晕结构。这一研究结果随后引起了核物理界的极大重视，不仅发现了许多具有中子晕结构和质子晕结构的原子核，还发展出放射性束流装置，产生并研究了一大批非常远离β稳定线的原子核，发现了许多新的现象。

由于炮弹核的碎裂可以产生大量的远离稳定线的核素，包括了极缺中子和极丰中子的核素，因此这种反应方式也用来产生放射性束流——用弹核碎裂的产物当作新的炮弹，去轰击靶原子核，以研究那些极丰中子或者极缺中子的原子核的性质，也可以用来合成新的超重原子核。国际上几个著名的核物理实验室都建造了放射性束流装置，如法国的GANIL、美国的MSU、西欧核子中心、日本的RIKEN、中国的近代物理所等。中国正在建设的强流重离子加速器可以提供非常强的重离子束流，用它轰击不同的靶核所获得的放射性离子的产额非常高，有可能用来合成新的超重元素。

（6）散裂反应合成新核素

散裂反应就是利用高能（几百至几千兆电子伏）的质子或其他轻粒子轰击靶原子核，使得靶原子核获得非常大的热能，从而碎裂成许多碎片和轻带电粒子，每一个碎片最后都退激发成稳定的原子核。其实，这个过程与弹核碎裂有异曲同工之效。

总之，实验室中生成新核素的途径有多种，但是归根结底，都是通过原子核之间较为强烈的相互作用而产生的。这些原子核之间的相互作用都称之为核反应。在实验室中，为了使原子核之间发生反应，就必须使一个原子核或两个原子核都具有较高的速度，然后使其与其他原子核碰撞。为了使原子核具有一定的速度，就必须建造离子（粒子）加速器。

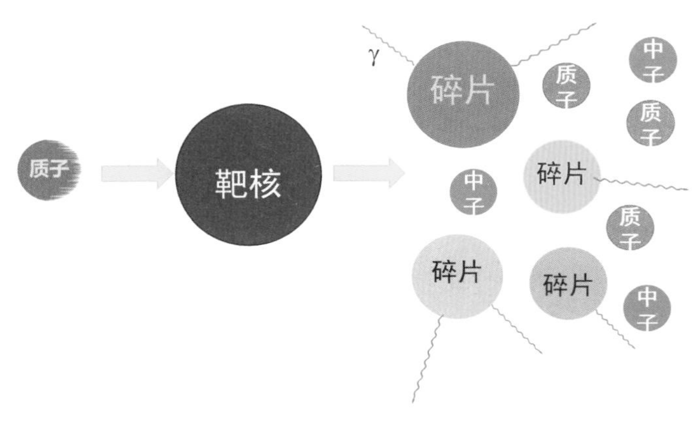

散裂反应示意图

四、发现新大陆

20世纪40年代，丹麦科学家波尔将原子核比作带电小液滴（液滴模型），描绘出原子核的许多性质。并指出，当原子核内的质子数超过103时，原子核就会自发裂变，也就是说不会有质子数超过103的原子核。然而，随着原子核内一种全新的量子效应——壳效应的发现，即原子核内的质子和中子都像原子外层的电子那样，是从内到外一层一层排布的（壳模型），它更真实地反映了原子核的基本性质。

20世纪60年代，苏联科学家按照这种模型，经过仔细地计算发现，不仅质子数大于103的原子核——超重原子核——是可以存在的，而且在质子数为114、中子数为184附近的一片区域还存在一批长寿命的核素，寿命甚至有可能达到10^8年，这就是所谓的“超重核稳定岛”。从此，向超重稳定岛进军，就成了核物理学家的共同目标。下图展示了理论计算的重核和超重核区原子核的寿命随质子数和中子数的分布，颜色越深代表原子核的寿命越长，从图中可以看到，在右上角区域可能存在的“超重核稳定岛”。

随着重离子加速器技术以及先进实验探测手段的不断出现，人工合成超重新元素和新核素的科学研究已经取得了长足的进步，业已合成了103号到118号元素的一些核素。但是，还没有到达理论预言的“超重稳定岛”。要登上稳定岛，领略岛上的奇异风光，仍需长期而艰巨的努力。

1.登上稳定岛难关重重

先不说要登上超重稳定岛，就是合成那些岛边缘的核素，也是非常困难的。主要困难在于以下几方面：

一是产生概率小，重离子引起的熔合蒸发反应是目前合成超重核素的主要反应机制。但是随着合成的核素越来越重，反应中生成它的概率越来越小。要合成一个超重核素，就需要几天，甚至几十天的束流时间才能实现。下图反映了合成超重核反应的基本物理过程，即利用加速器提供的重离子炮弹轰击靶原子核，由于弹核和靶核之间的库仑力很强，即使碰上了，它们也很难结合在一起，勉强结合在一起，绝大多数情况下只是握握手或者交换一些“礼物”而

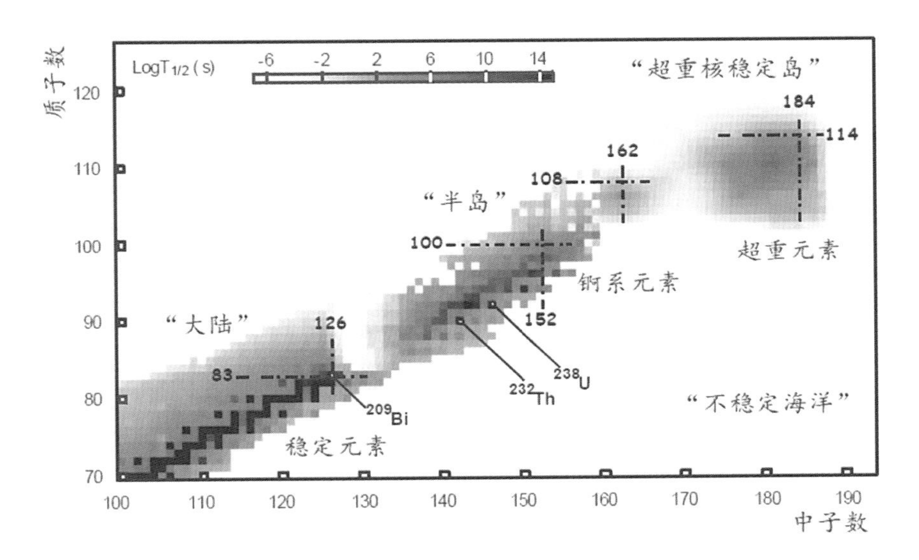

重核和超重核区原子核的寿命随质子数和中子数的分布

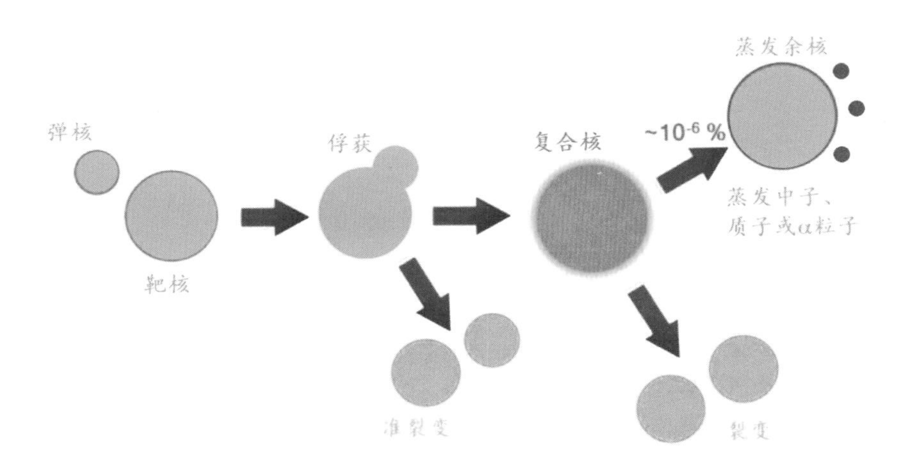

超重核合成机制——熔合蒸发反应过程

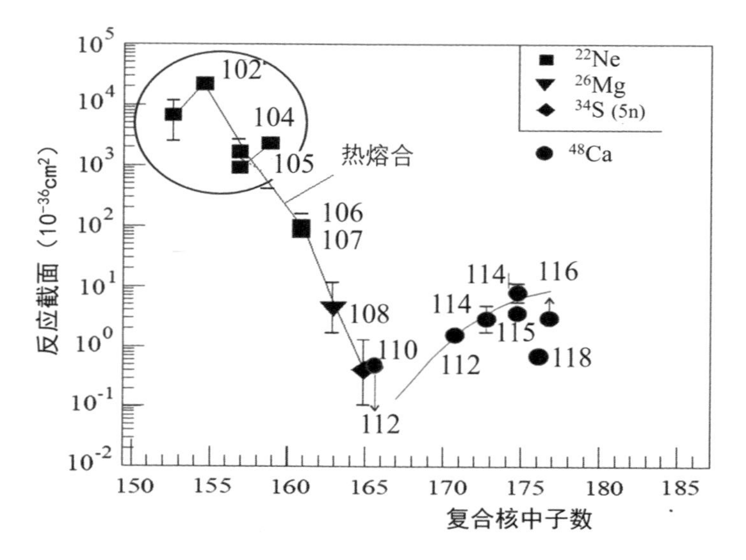

超重核合成截面随质子数的变化

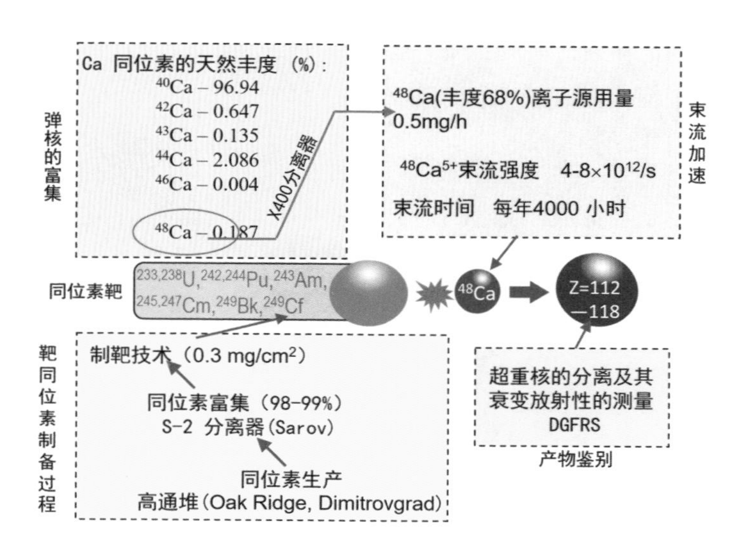

合成超重核的流程

已。弹核有幸被靶核完全俘获，变成更大的、非常热的原子核（复合核），热复合核绝大部分会瞬间（10^{-16}秒之内）裂开为两部分，万一留下复合核，还需要蒸发几个中子才能冷却下来，从而形成我们感兴趣的超重核素。总的计算起来，碰撞过程中能够最后形成目标核的概率大约是10^{-36}~10^{-35}巴（1巴=$10^{-24}cm^2$,1pb=10^{-12}巴，一个原子核的可视面积大约为12巴）。这意味着，10^{19}个弹核在20~30天的束流时间内与10^{17}个靶原子核随机碰撞，最多生成几十个目标核，少的只有一两个。这给实验带来了极大的挑战。

二是鉴别困难，反应中产生的目标核极少，但是其他不需要的核素产生的极多。因此，鉴别目标核真如大海捞针。需要特殊的设备才能将混在上万亿个原子核中的几个目标核鉴别出来。

三是靶核和弹核的来源困难，特别是合成117号和118号新元素所需靶核（^{249}Bk，^{249}Cf），需要将^{238}U放在高中子通量反应堆中，经过几百天反复的照射和放射化学分离，才能得到毫克量级的核素。例如在117号超重元素Ts的合成实验中，就使用到了97号元素锫作为靶材料，这种材料是将锔和镅的材料放在美国橡树岭国家实验室的高通量反应堆中辐照近250天后得到的，最终的产量仅有22.2毫克锫（^{249}Bk）。合成超重核所用的炮弹核都是相对丰中子的，例如^{48}Ca，在天然钙中含量都非常低（0.187%），需要长时间的电磁分离，才能得到所需的量。

2.鉴定超重核的设备

鉴于上述原因，实验上合成、鉴别超重核的技术路线需要精心的选择。为此，科学家首先设计了电磁反冲核分离器和充气反冲核分离器，作为超重核素进行在线分离的主要装置。其主要关键点是利用电场或者磁场先将束流离子清除，再从剩余的产物核中将目标核分离出来，最后利用特殊的探测器系统确定目标核。

电磁反冲核分离器，也叫速度分离器，主要利用互相垂直分布的电场和磁场只让具有一定速度的反冲核通过，从而与其他不同速度的离子进行分离。而充气反冲核分离器，则是在反冲核磁分离器的真空腔中充有压强仅有1~2毫巴的稀薄气体（多用氦气），当不同电荷态的反冲核在稀薄气体中通过时，会与气体分子碰撞，从而具有一个平衡电荷态。分离器的磁场也是按照这个平衡电荷态设计的。这样，目标核通过这一磁场后，就能够被分离出来。德国重离子研究中心GSI发展的电磁反冲核分离器SHIP和俄罗斯联合核子研究所JINR研发的充气反冲核谱仪DGFRS可作为这些装置中的典型代表。在SHIP装置上，利用^{54}Cr、^{58}Fe、^{62}Ni、^{64}Ni、^{70}Zn等分别轰击^{208}Zn和^{209}Bi靶核，通过“冷融合”首次人工合成了107号元素到112号新元素。而在DGFRS装置上，利用^{48}Ca等弹核轰击不同的超铀核素（^{242}Pu、^{244}Pu、^{243}Am、^{245}Cm、^{247}Cm、^{249}Bk、^{249}Cf），首次合成了114号到118号新元素。第113号新元素的首次合成是在日本理化

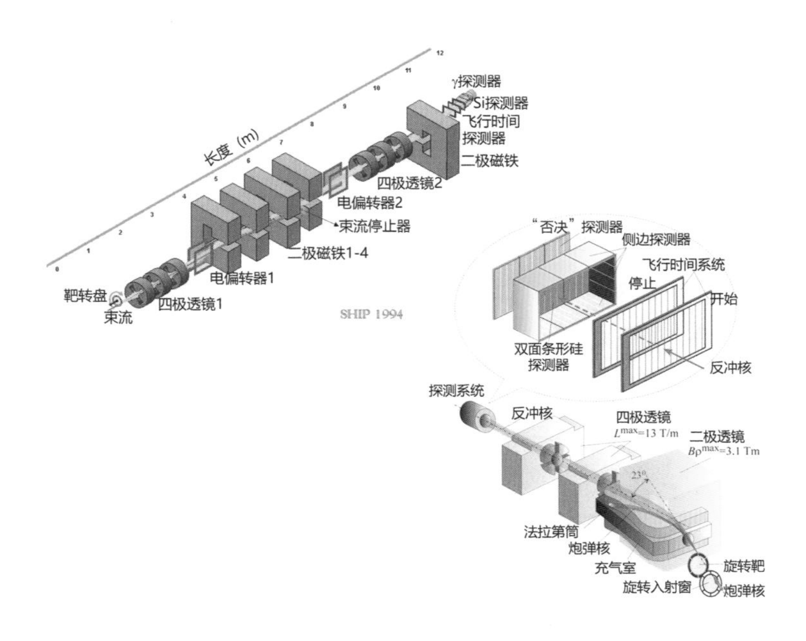

超重核素合成的实验装置 SHIP（左）、DGFRS（右）示意图

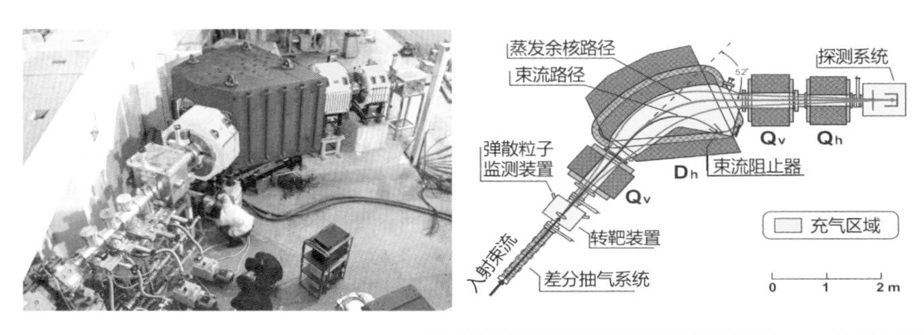

近代物理所充气反冲核谱仪装置——SHANS

学研究所RIKEN的GARIS充气反冲核谱仪上完成的。

不管是哪种超重核素的分离设备，其末端都与一个复杂的探测鉴别系统相连。这个探测系统包含有飞行时间探测器和有5块位置灵敏的方形硅探测器组成。利用这个探测系统测量目标核的飞行时间、在探测器中的注入位置及接连发射的几个粒子的位置、能量和每两个之间的时间间隔。通过对这些数据的分析，就可确定得到的母核是否是所希望的目标核。

中国科学家在超重核研究领域也做出了一定的贡献。早期利用氦气喷嘴的方式合成了105号和107号超重新核素（^{259}Db和^{265}Bh）。随着国家科技实力的不断提升，最近也自主研制了充气反冲核分离器（SHANS）。自从该实验装置建成以来，进行了一系列有关重核和超重核衰变性质的实验研究工作。利用兰州重离子加速器提供的重离子束流，科研人员在该装置上取得了一批重要的实验结果：首次合成了^{205}Ac、^{215}U、^{216}U、^{219}Np、^{220}Np、^{223}Np、^{224}Np等新核素，并验证性的合成了110号超重元素^{217}Ds。

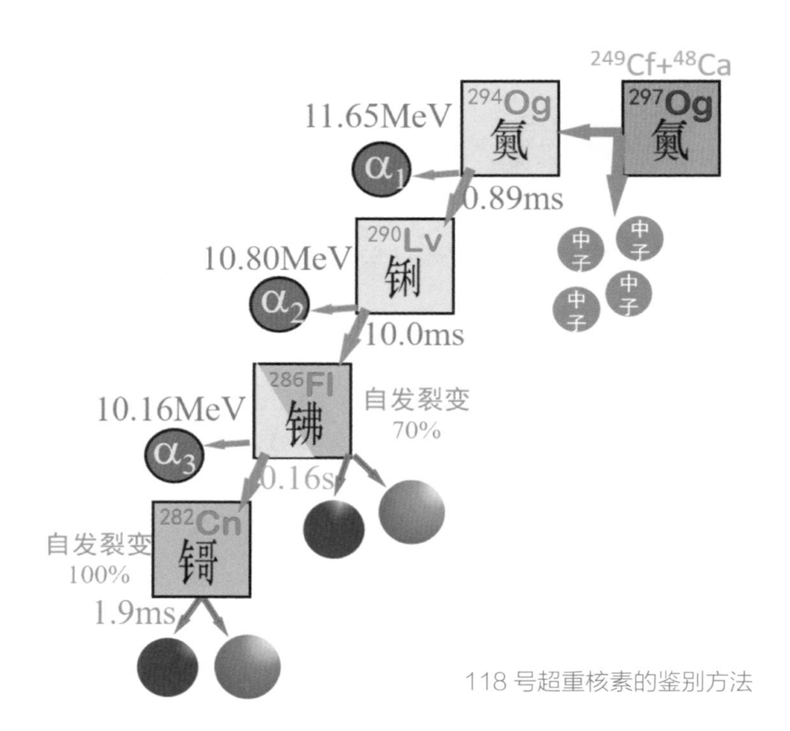

118 号超重核素的鉴别方法

3.超重原子核鉴别

通过测量目标核的连续衰变对其进行鉴别。

超重核素经过熔合反应产生，并经过电磁装置分离以后，最后需要进行的就是鉴别它们的质子数和中子数。由于重核区核素普遍具有 α 衰变的性质，因此研究人员利用超重核素衰变产生 α 衰变链的特点，发展了一套单原子核鉴别技术。这种技术使得即使在大量实验本底中只产生了一个目标核素，也能够进行准确指认和鉴别。例如对于118号核素 ^{294}Og的鉴别，只要测量到了它的第二代、第三代、第四代的衰变子体，那么就可以根据一次α衰变中，质子数减少2、质量数减少4的规律进行反推，从而对衰变的母核进行准确指认。详细过程是这样的：实验中将最先探测到的目标核^{294}Og的注入信号作为时间起点，经过0.7毫秒后，测量到^{294}Og核衰变的11.7MeV α粒子信号，然后经过8毫秒，测量到^{290}Lv核衰变的10.9MeV α粒子信号，以此类推，最终在探测系统中观察到了来自112号元素^{282}Cn的自发裂变信号。经过这样的测量，科研人员就可以准确地鉴别实验合成的超重新元素^{294}Og。

下图展示了截至2017年在超重核素的核区实验物理学家在实验室合成的所有超重核素。虽然人们在实验室合成的最重的元素已经达到第118号Og，超过了114号，但是它的中子数目离预言的稳定岛的中心位置（中子数为184）还差至少7个，要合成“稳定岛”上的超重核素，就目前的实验技术而言还是相当大的挑战。

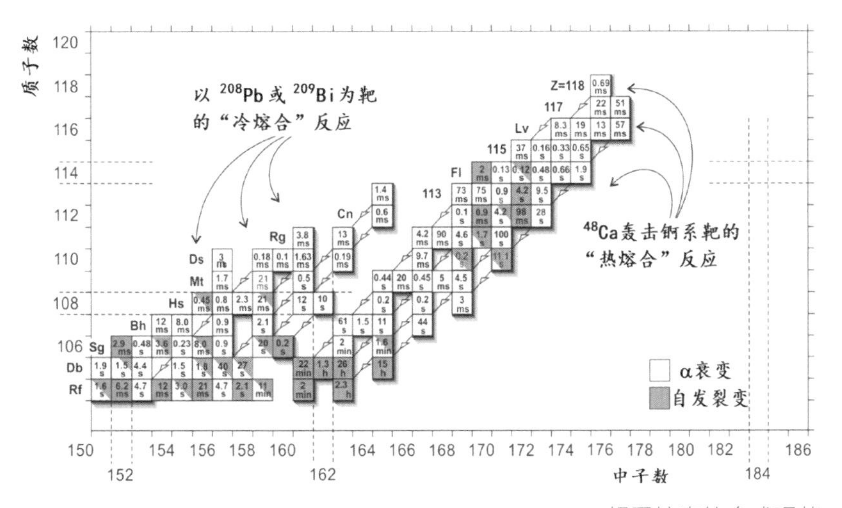

超重核素的合成现状

合成112号至118号元素同位素的年代与国家

元素	核反应	弹核能量	衰变模式	国家，年代
^{118}Og	^{249}Cf(^{48}Ca,3n)	E=251MeV	100% α	俄、美，2006
^{294}Ts	^{249}Bk(^{48}Ca,3n,4n)	Elab=252MeV	100% α	俄、美，2011
^{291}Lv	^{245}Cm(^{48}Ca,2n)	E=249	100% α	俄罗斯，2000
^{287}Mc	^{243}Am(^{48}Ca,4n)		100% α	俄罗斯，2004
^{289}Fl	^{244}Pu(^{48}Ca,3n),	E≈30~55MeV	100% α	俄罗斯，1998
^{278}Nh	^{209}Bi(^{70}Zn,n),	E=349MeV	100% α	日本，2004
^{277}Cn	^{208}Pb(^{70}Zn,n),	E=344MeV	100% α	德国，1996

4.新元素命名

经过近一个世纪的不懈努力，目前，人工合成的新元素已经达到第118号，周期表中第七周期的所有元素已经填满了。2016年，国际纯粹与应用化学联合会（IUPAC）和国际纯粹与应用物理联合会（IUPAP）对人工合成的最后几种超重新元素进行了命名。113号元素被命名为Nihonium（Nh），由来自日本理化学研究所的森田浩介教授领导的团队来命名，其名称来源于日本的国名Nihon，用于纪念亚洲国家发现的第一个元素。115号元素被命名为Moscovium（Mc），由来自俄罗斯联合核子研究所的科学家进行命名，用于纪念历史悠久的莫斯科城（Moscow）。117号元素被命名为Tennessine（Ts），源于美国田纳西州的州名Tennessee，其命名旨在向为超重元素研究做出贡献的美国田纳西州团队致敬。第118号元素被命名为Oganesson（Og），源于人名尤里·奥加涅相（Yuri

Oganessian），旨在向杰出的俄罗斯核物理学家尤里·奥加涅相教授致敬。奥加涅相教授是超重元素研究的开拓者，他领导了从114号到118号新元素的首次合成实验，并在超重核原子核物理和“超重核稳定岛”的实验论证方面做出了杰出的贡献。元素周期表的第7周期已经填满，这是否意味着第8周期就要开始？已有的成功往往意味着新的工作的开始，国际上各大实验室仍然进行着对更重的新元素合成实验的准备。不得不说，对新元素的合成是人类挑战物质世界存在极限的典型代表。

对新核素的合成和研究一直是核物理领域研究的重要课题。目前，人们已知的核素只有3000多种，而最新理论预言，可以存在的原子核大约有7000多种，目前已知的核素仅占据了其中的少部分版图，还有大量的未知核素等待人们去发现。

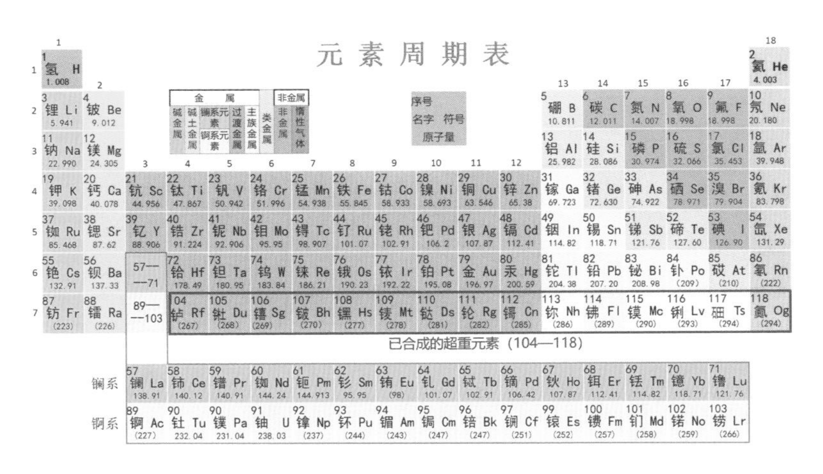

元素周期表

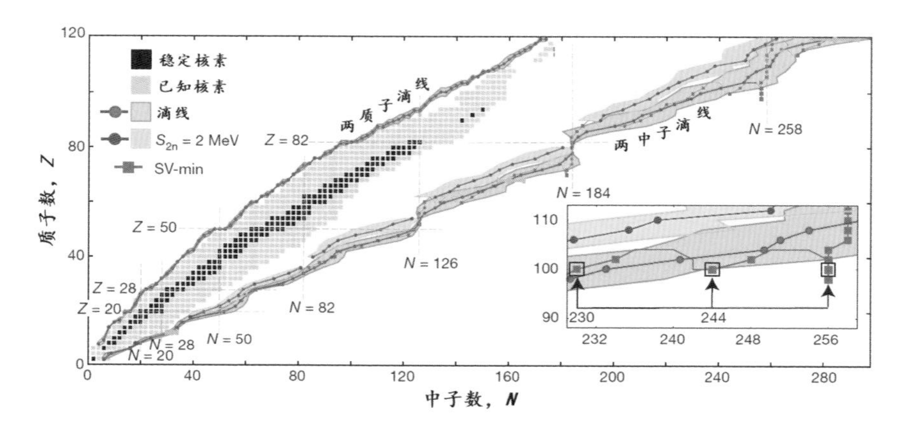

理论预言的原子核存在极限

由此看来，人类探索原子核存在极限的道路仍然任重而道远。不仅如此，对新核素的合成和研究还可以发现许多未知的自然规律或者解决重要的科学问题，如新的原子核壳效应的演化、新幻数的出现以及研究天体环境中重元素的产生等一系列问题。

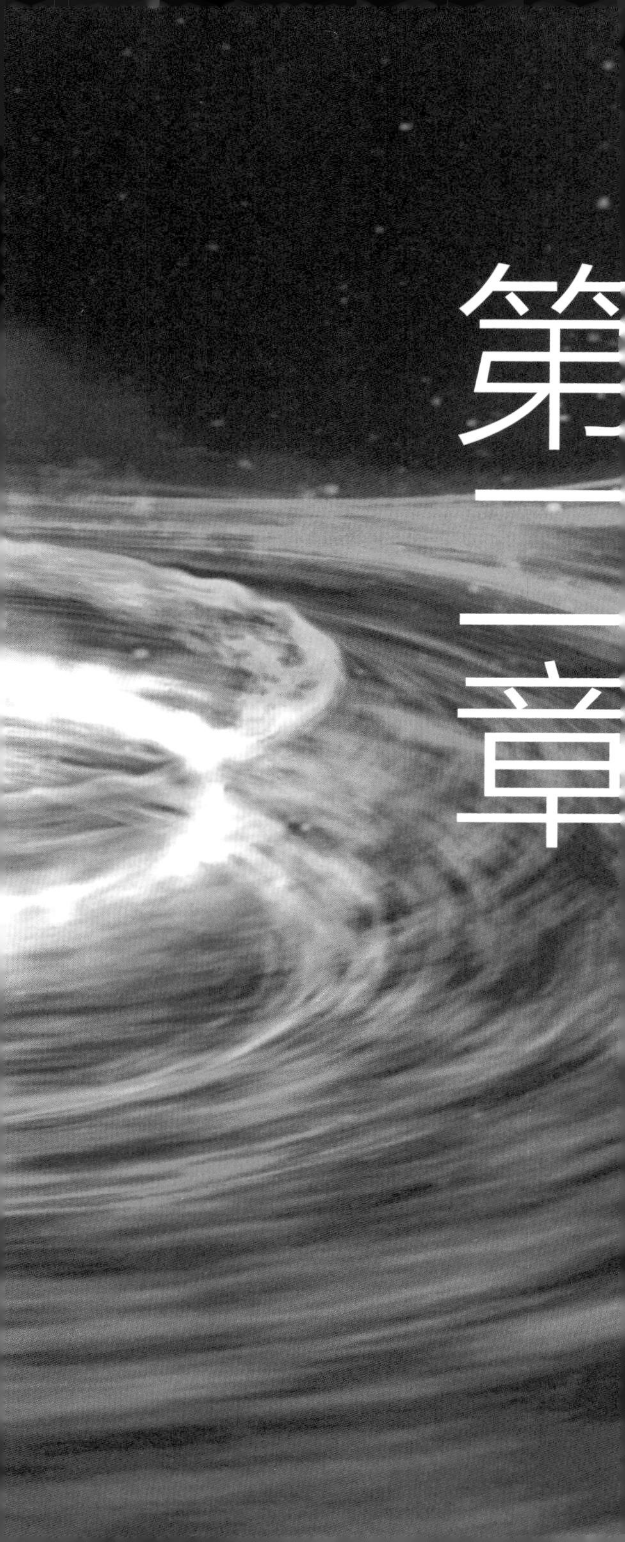
第二章

原子核的模样和脾气

第二章　原子核的模样和脾气

一、非凡的原子核世界

原子核是由带正电荷的质子和不带电的中子通过核力结合在一起形成的。质子和中子的质量非常接近，统称为核子，都具有自旋特性。质子数Z和中子数N确定的原子核称为一种核素。类似于“张三”“李四”“王五”这样的人名，每一种核素也有自己的名字，例如^{9}Be、^{12}C等。核素的“姓”就是它的元素名，由质子数Z决定；核素的“名”就是它的核子数总数或质量数A（A=Z+N）。这样一来，可以将核素用三个身份分类：①质子数相同、中子数不同的核素称为同位素；②中子数相同、质子数不同的称为同中子素；③质量数A相同、但质子数和中子数都不同的核素称为同量异位素。

把所有核素按照其Z和N的数值，放在一张二维图上，这就是前面介绍过的核素图。这里，按照核素的衰变方式再次给出一张核素图。

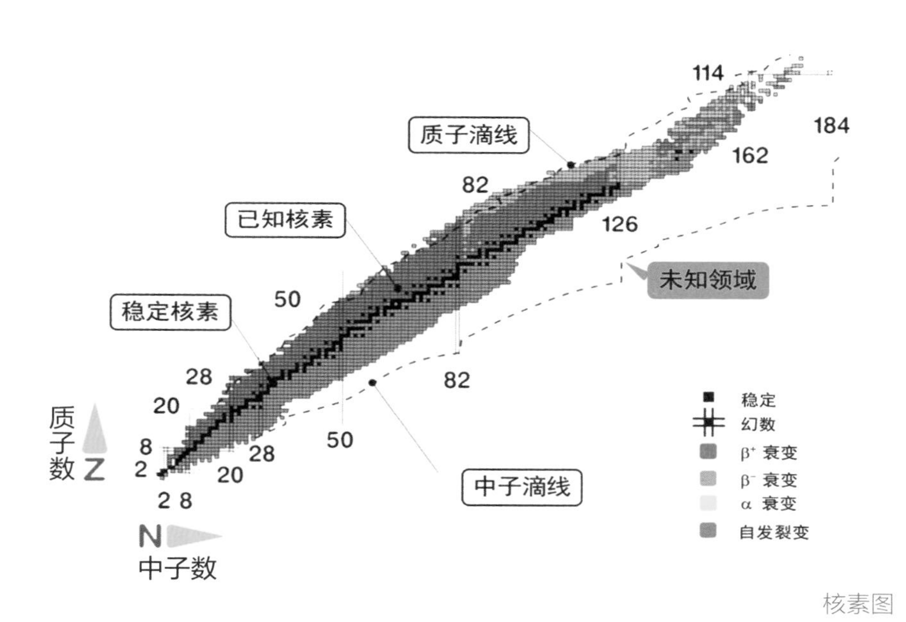

核素图

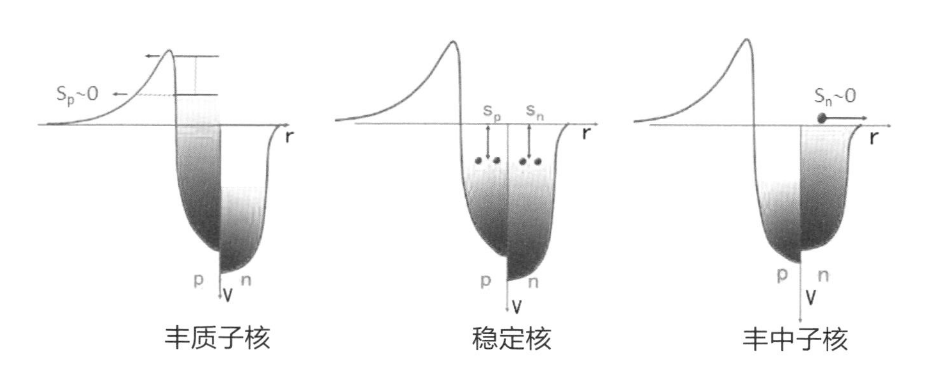

质子费米面与中子费米面的相对位置及中子质子分离能示意图

在核内每个核子都感受到吸引力，就像将它们放在一个井（用“阱”代替）中。因此，它们的势能为负，距离核心越近，阱越深，势能越小。距离中心越远，越接近阱口，势能越接近零。在远处中子感受不到任何力，势能为零。在原子核内，中子、质子分别按能量从低到高的顺序依次填充各自的能级，直到某能量（费米面）以下的能级全部填满。

将最后一个中子取走所需要的能量，称为中子分离能（Sn），等于费米面到零势能面的距离。同样，将最后一个质子取走所需要的能量，称为质子分离能（Sp），等于费米面到零势能面的距离。在稳定核中，中子和质子的费米面几乎同样高，即Sn=Sp。

如果在稳定核中不断加入中子（质子），中子（质子）分离能Sn（Sp）逐渐变小，直至为零时，再也容不下更多的中子（质子），中子（质子）会自动滴出来。在所有元素中，都会出现一个处于这样临界状态的原子核，这就是中子（质子）滴线位置，这是在丰中子（丰质子）一侧核素存在的极限。

稳定原子核中，质子数与中子数的比值有一个合适的范围，如果中子数过多或者质子数过多，原子核系统由于能量过高而变得不稳定，从而发生衰变。稳定的原子核不发生衰变，因此，它们连成的一条线称为稳定线。如果将核素图比作一座大山，那稳定线就可以形象地比喻为山谷，在两边山坡上的核素是不稳定的，经过衰变落向谷底，变成稳定的核素。

犹如山谷的稳定核素与不稳定核素

在原子核质量数较小的核区（轻质量区），稳定核有相同的质子数和中子数。随质子数增加，需要额外的中子来平衡越来越强的库仑排斥，所以稳定线逐渐偏向右方即丰中子一侧。

原子核的很多性质可以展示在核素图上，这有利于发现全局性趋势或规律。如下图所示：①核素基态的各种衰变模式,有关细节将在以后介绍。②已

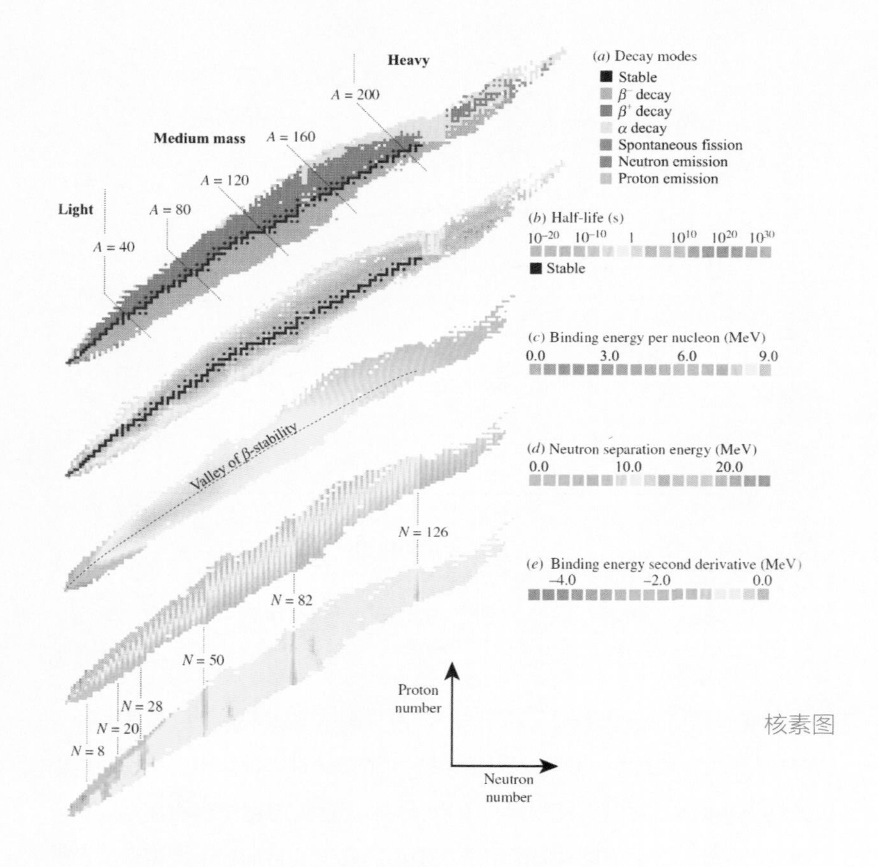

核素图

知核素的半衰期，跨越了50个量级，最长的是宇宙年龄的数十亿倍。远离稳定线时核素半衰期越来越短,最短的寿命相当于单个核子在原子核内往返一次所需时间10^{-22}秒。③每个核素的比结合能（平均每个核子的结合能），无论沿同位素链(Z相同)、同中子素链(N相同)还是同量异位素链(A相同)，比结合能在稳定线处都是极大的。

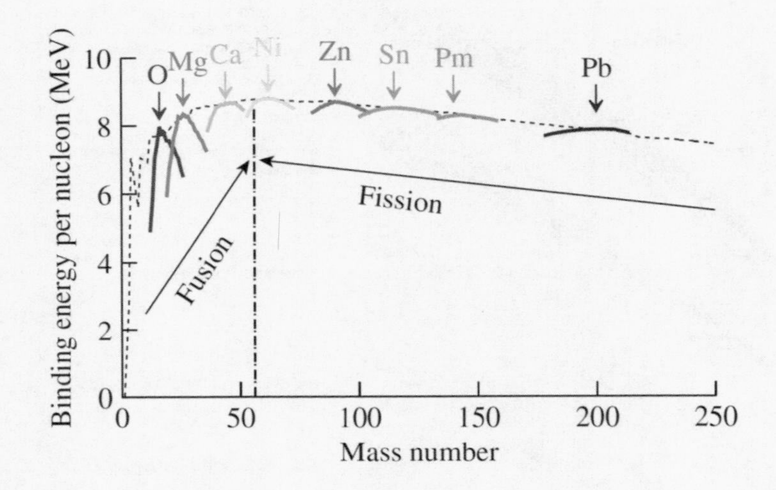

黑色虚线代表稳定核素，不同颜色的实线代表一些元素的同位素链

如果将比结合能与质量数关联起来，可得到上面这幅图。对A<20的轻核，比结合能较小，但上升很快，在A＝56达到最大值。随着质子数的进一步增加，比结合能则缓慢下降，在很大范围内比结合能接近常数，反映出一个核子只与周围一定范围内的有限数目的核子发生作用（核力的作用距离很短）。质子之间具有长程库仑排斥，抵消核力，因此，比结合能随质子数增加下降。

上图显示了所有核素的最后一个中子的分离能（Sn），奇N核的中子分离能明显比偶N核的中子分离能小，这揭示了中子的对效应，即中子成对相处时原子核更稳定。质子同样也有对效应。

同时，上图也显示相邻核素的Sn之差的变化趋势。在大多数情况下，中子分离能随中子数N平缓减小，但在某些中子数，如N=8、20、28、50、82、126时，分离能之差会发生突变，说明在这些地方，中子能级间隔突然增大，这些核子数称为幻数。

二、原子核是如何形成的

原子核是由中子和质子两种费米子组成的微观量子体系。随着核物理尤其是中高能核反应研究的深入，发现中子和质子并不是点状粒子，各自都有内部结构。它们是由夸克和胶子组成，夸克间通过交换胶子发生强相互作用。好像是胶子将夸克黏在一起而形成核子。这种强相互作用主要局限在夸克之间，但是，在核子之外也会有些残余，这就形成了核力。因此，核力不是一种基本的相互作用，非常复杂。弄清核子间相互作用即核力的性质，是核物理研究的终极目标之一。通过一个多世纪的持续努力，已对核力有了一些了解，但仍有很多不清楚的地方。

核力作用距离很短，有效力程约是3 费米（1 费米 =10^{-15}米），主要是吸引的作用。这一性质导致核力的饱和性，即原子核中某个核子只与邻近的数目有限的几个核子之间存在着核力的作用，与那

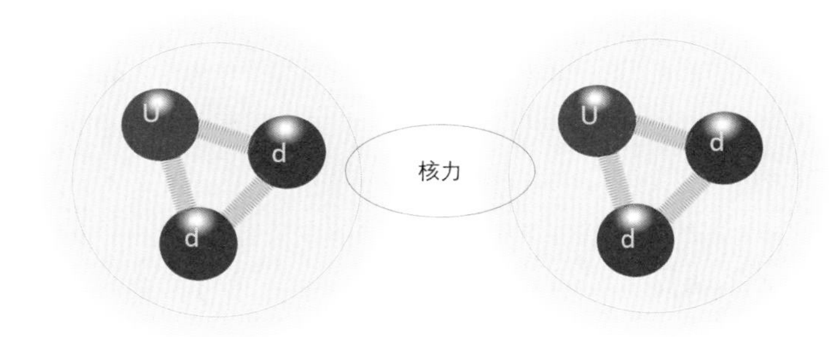

夸克之间的强相互作用及核力的示意图

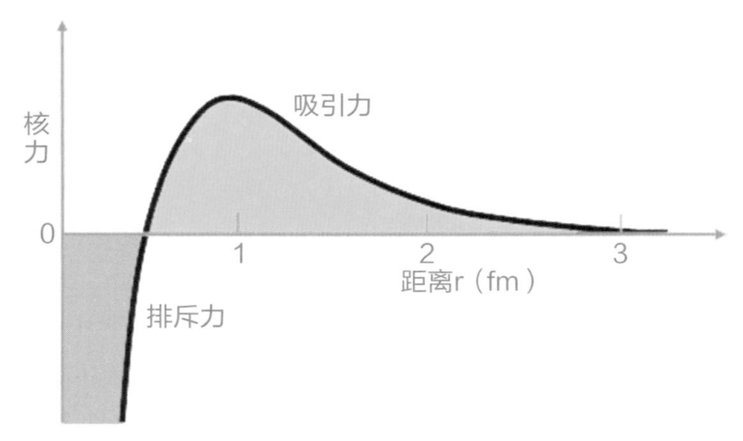

夸克之间的强相互作用及核力的示意图

些远离的核子间没有核力作用。这可以解释平均结合能的饱和性，即每个核子的平均结合能最大只有8MeV左右。另一方面，核力具有排斥性，当两核子的距离小于0.4费米时，有很强的排斥力，阻止两核子继续接近，所以原子核具有不可压缩性，核密度接近常数。

大量实验数据表明，质子-质子、质子-中子、中子-中子之间的相互作用，除了电磁力不同之外，剩下的部分即核相互作用非常接近，也就是说核力可以近似地看作与核子带的电荷多少无关（电荷无关性）。

1935年，汤川秀树提出核子间相互作用是通过交换介子实现的，1947年，π介子被发现，其性质恰好符合汤川秀树的理论预言。

通过分析各种实验数据，人们发现，当一个核的中子数和质子数为2、8、20、28、50、82或中子数为126时，它相对邻近核更稳定。这使得人们想起原子中电子的壳层分布，从而认为原子核中质子和中子也是一层一层填充的，而且每个核子都是在其余核子产生的平均场（假设是简单的中心力场）中独立运动。这就是早期的壳层结构模型概念。但是按照中心力场的假设进行理论计算，并不能重现出这些幻数。后来，M.G·迈耶（Maria Goeppert-Mayer，1906—1972）和J.H.D·詹森（J.H.D.Jensen，1907—1973)独立地指出在平均场中包含强的核子自旋——轨道耦合力，这种耦合力可引起能级分裂，从而成功地解释了这些幻数的存在。他们利用壳模型还成功地解释了原子核的自旋、宇称、磁矩、β衰变和同质异能素岛等实验事实。由于原子核壳层结构模型所获得的成功及在核物理研究中的重要作用，迈耶和詹森共同获得了1963年的诺贝尔物理学奖。

Magic Numbers and Shell Model

- a nucleon moves in a common potential generated by all the other nucleons

Maria Goeppert Mayer
and Hans Jensen
Nobel Prize Physics 1963

"for their discoveries
concerning nuclear shell structure"

level	number of nucleon particles in level	cumulative number of nucleon particles
184		
$1j_{15/2}$	16	184
$2d_{3/2}$	4	168
$4s_{1/2}$	2	164
$2g_{7/2}$	8	162
$1i_{11/2}$	12	154
$3d_{5/2}$	6	142
$2g_{9/2}$	10	136
126		
$1i_{13/2}$	14	126
$3p_{1/2}$	2	112
$3p_{3/2}$	4	110
$2f_{5/2}$	6	108
$2f_{7/2}$	8	100
$1h_{9/2}$	10	92
82		
$1h_{11/2}$	12	82
$3s_{1/2}$	2	70
$2d_{3/2}$	4	68
$2d_{5/2}$	6	64
$1g_{7/2}$	8	58
50		
$1g_{9/2}$	10	50
$2p_{1/2}$	2	40
$1f_{5/2}$	6	38
$2p_{3/2}$	4	32
28		
$1f_{7/2}$	8	28
20		
$1d_{3/2}$	4	20
$2s_{1/2}$	2	16
$1d_{5/2}$	6	14
8		
$1p_{1/2}$	2	8
$1p_{3/2}$	4	6
2		
$1s_{1/2}$	2	2

原子核壳模型与幻数

虽然平均场的思想使壳模型取得了多方面的成功，但是它也存在局限性，因为除了平均场以外，核子之间还有剩余相互作用，在壳模型中忽略了这一点。所以，在20世纪50年代以后的实验中发现的一些新现象，例如大电四极矩、磁矩、电磁跃迁概率、核激发的振动谱、转动谱以及重偶偶核能谱中的能隙等，都不能用独立粒子壳模型解释。

1953年，著名物理学家波尔（Aage Niels Bohr，1922—2009）等人提出了原子核的集体模型，认为原子核内除平均场外，核子间还有剩余的相互作用。剩余作用引起核子之间关联，这种关联是对独立粒子运动的补充，其中短程关联引起核子配对，描述这种关联的对模型可解释偶-偶核能谱中的能隙等现象。核子间的长程关联使核偏离球形、引起形变，从而原子核可以产生集体转动或振动，原子核大的电四极矩、电磁跃迁概率等就是这种集体运动的结果。集体模型解释了大量核转动能级的跃迁规律。为此，波尔等人获得了1975年的诺贝尔物理学奖。

三、不安分的原子核

目前核素图上已有3400多种核素（理论预言一共存在约7000～9000种左右），其中只有近250种是稳定的，其余都是不稳定的，处于基态的不稳定核可经β衰变、α衰变、自发裂变、质子放射性等方式转化成其他核素，最终变为稳定的核素。

1.迷人的β衰变

前面介绍了核素图和核素图上的β稳定线。对于A<40的原子核，β稳定线近似为直线，即中子数N与质子数Z之比（中质比）N/Z≈1。对于重核，核内质子数增多，库仑排斥作用增大了，就需要有更多的中子来抵消库仑排斥作用，才能使原子核稳定下来。如对于^{208}Pb，它的中质比N/Z=1.54，即^{208}Pb中的中子数比质子数多出一半多。

在β稳定线的丰中子一侧，核素具有β^-放射性，即核内的一个中子变成质子，同时放出电子和电子反中微子的过程。

β稳定线丰质子一侧的核素可以发生β^+衰变：一个质子变成中子，同时放出正电子和电子中微子的过程；或者电子俘获：一个核外电子被一个核内质子俘获变为中子并放出电子中微子。

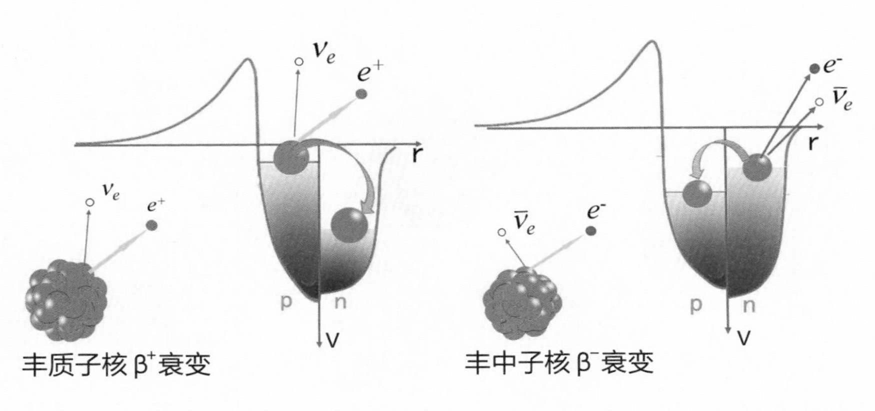

β⁺ 衰变示意图

β⁻ 衰变示意图

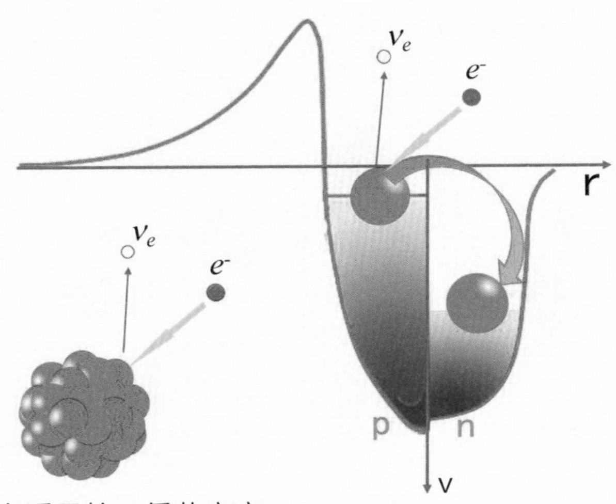

电子俘获衰变示意图

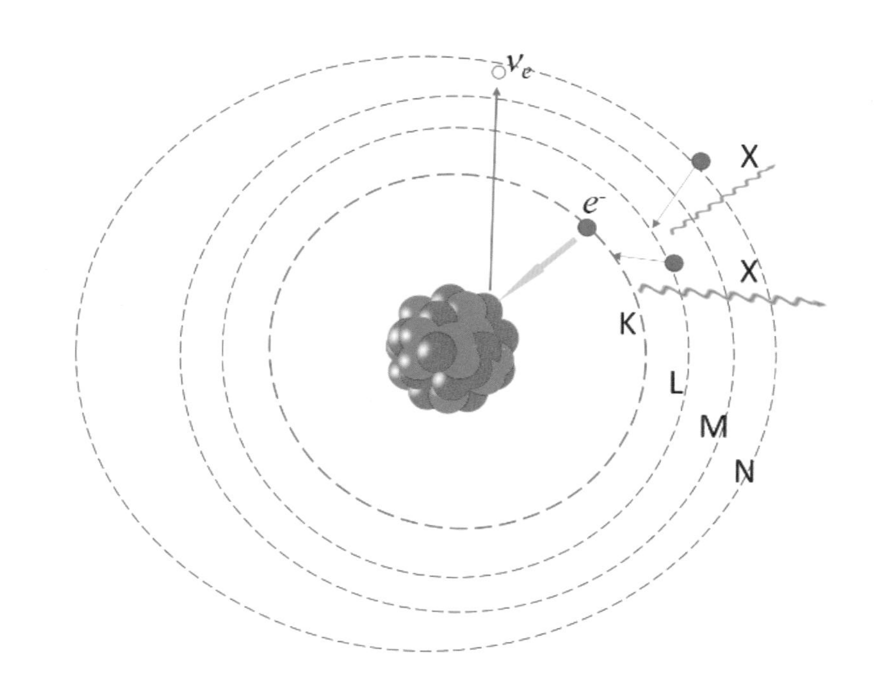

电子俘获（EC）过程伴随发射 X 射线

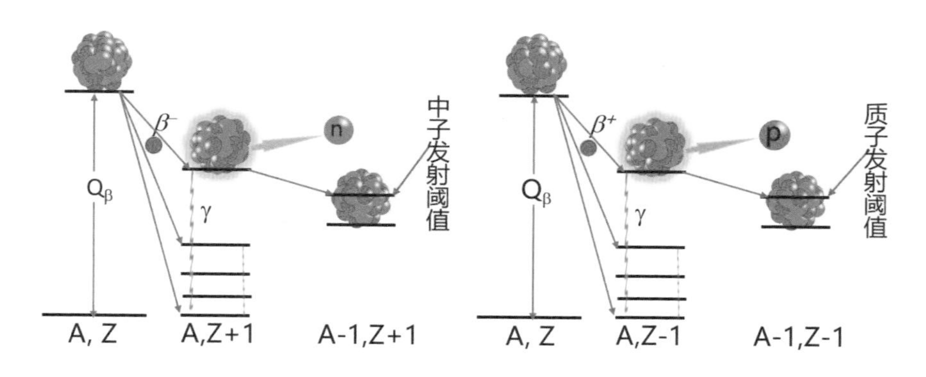

β 缓发中子衰变示意图

当然，距离原子核最近的内层轨道电子被俘获的概率最大，它被俘获后出现的空位，则由外层电子来填充，同时发射X射线，以带走两层轨道电子之间的能量差。

发生衰变的原子核，称为母核，衰变后产生的原子核称为子核。原子核的能量最低的状态称为基态，能量比基态高的统称为激发态。离β稳定线比较远的核素，母核基态与子核基态在能量上差别很大，母核可能会衰变到子核的某个激发态。如果这个激发态的能量很高，甚至高于子核的中子分离能Sn (质子分离能Sp)，这时，子核就有可能直接发射中子（质子）。这种连续的衰变方式被称为β缓发中子（质子）。

2.带电粒子的放射性

原子核从基态或寿命较长的激发态（同核异能态）自发放出质子、α粒子或重离子的过程统称为带电粒子放射性。

α衰变是原子核自发地放射出α粒子(^{4}He离子)而发生的转变。α粒子是一种特别稳定的轻原子核，在A<12核区它的比结合能最大。伽莫夫（George Gamow，1904—1968）提出，α衰变可以看作是一个两步过程，首先在母核内先形成一个α粒子（当然概率非常小），并自由地在势阱内高速运动，然后这个α粒子偶然会穿过库仑势垒跑出核外，成为自由的粒子。从经典观点看，在势阱中的α粒子能量没有势垒高，是不可能跳出阱外的。但根据量子力学原理，α粒子具有波动性，在与位垒碰撞时，就会有一定的概率穿出位垒，从而发射出去。这种现象称为"隧穿效应"。将α看作波，其幅度平方与其出现概率成正比。

一般来讲，原子核内质子的结合能都比较高，只有到达"质子滴线"附近时，最后一个质子的结合能才变得很小，甚至为零。但是由于库仑势垒的存在，质子也不会立刻跑出原子核，因此，

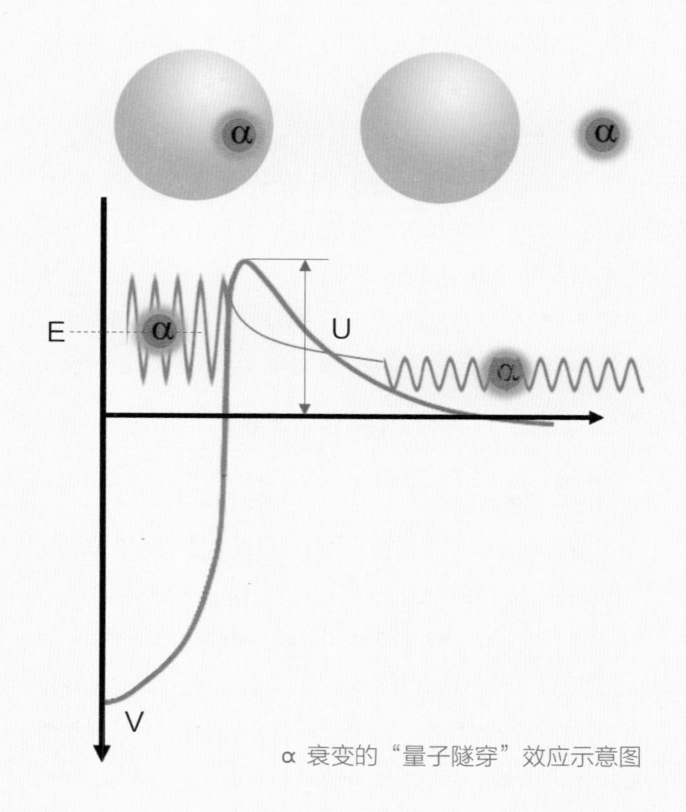

α 衰变的“量子隧穿”效应示意图

具有一定的半衰期。只有在质子滴线外的原子核，其最后一个质子的分离能小于零，才可能发生滴出核外的情况，即直接质子发射。与α 衰变相比，质子衰变的半衰期对质子带走的角动量敏感得多，因此从质子放射性测量中可以提取衰变前质子在母核中所处量子态信息。

还有一个奇怪的现象，一个质子滴线外的原子核，不能直接发射一个质子，却能同时发射两个质子，成为双质子发射，原因是对能的影响。核中质子（中子）成对时结合能更大、更稳定。元素的质子数为偶数时，其质子滴线的位置是最后一对质子的结合能为零的那些同位素，称为双质子滴线，它比单质子滴线离稳定线更远。理论上也存在直接双中子放射性核，但实验上还没有观测到。

实验上还观察到原子核自发地放射出重离子，如^{14}C、^{24}Ne和^{28}Mg、^{30}Mg的现象，这称为重离子放射性。与前面介绍的α衰变过程非常类似，重离子放射性也可以看作是一个两步过程。由于重离子在核内形成的概率小得多，需要穿透非常很高的库仑位垒，因此与α衰变相比，重离子放射性的概率极低。实验发现了^{224}Ra和^{222}Ra的^{14}C放射性，^{232}U可以发射^{24}Ne，^{234}U可以发射^{24}Ne和^{28}Mg，^{237}Np可以发射^{30}Mg，^{240}Pu和^{241}Am可以发射^{34}Si等。放射出的重离子能量大约分布在30 ~ 80 MeV范围。实验测得的重离子衰变相对于α 衰变的分支比很小，大多在10^{-13} ~ 10^{-9}范围，有的甚至小于10^{-15}。

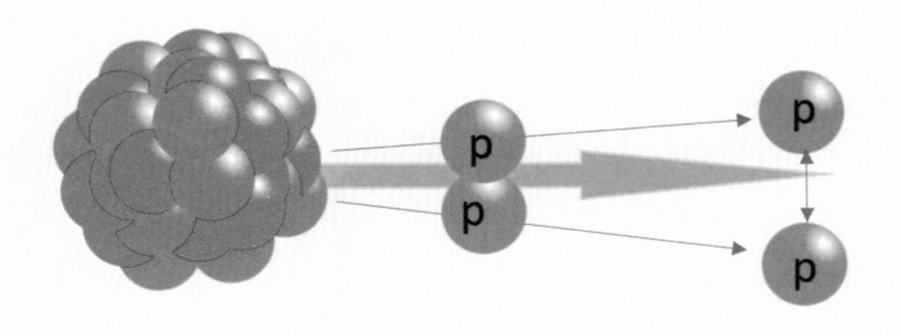

双质子放射性

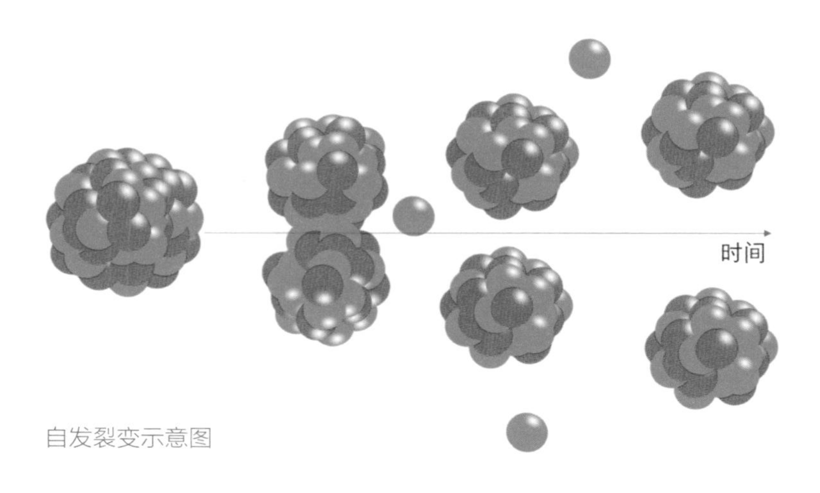

自发裂变示意图

3.重核的自发裂变

前面已提到，重核可以自发分裂成两个中等质量的碎片，同时放出中子和150~200 MeV 能量，这一过程被称为原子核自发裂变。因为重核的中子数远大于质子数，即中质比偏大，所以裂变碎片都是丰中子核素，会经过一系列衰变最终变成稳定核。自发裂变发生的难易程度取决于裂变势垒的高度。天然元素的自发裂变仅见于铀和钍的同位素。与α衰变相比，铀和钍的自发裂变的概率小得多小，几乎可以忽略。如^{238}U的α衰变概率是自发裂变的10^8倍。而一些人造超铀重同位素的自发裂变的概率会大得多，例如^{254}Cf(Z=98) 的α衰变只占0.31%，自发裂变占99.69%。

四、原子核的形状

虽然原子核非常非常小，只有10^{-14}米的量级，但是它是由质子和中子组成的多体量子系统，每个核子都在不停地运动着，原子核实际上没有像宏观物体那样的固定形状。通过实验证明，中子、质子在核内有一定的密度分布，而且在绝大部分情况下，中子和质子的密度分布比较接近。由于核力的饱和性质，核内部的核子密度接近常数，称为饱和密度。但是，在原子核的边缘，核子分布的密度迅速下降，有的分布还不均匀，像地球表面那样具有一定形状，这就是所谓的原子核形状。

1.多姿的原子核

在核素图上，原子核基态形状变化展现出一定的周期性。核子数量和它们之间的相互作用决定了原子核的形状。质子和中子壳层完全被占满的原子核，即双幻核的基态是球形的，如^{40}Ca、^{208}Pb。如果将满壳内的核子激发到新的轨道或者在满壳外的轨道上填充一些核子，则新添核子之间的长程关联作用会使核的形状偏离球形，逐渐发生形变。一开始会变为橄榄形（长椭球），随着填充的核子数愈来愈多，形变也逐渐增大，填满大壳的一半时，基态具有最大的形变，长、短轴之比可达1.3；继续填充更多价核子时，形变演化为三个轴长度都不同的椭球（三轴形变）；在接近下一个满壳时，又变为轴对称的形状，但这时两长轴等长，即为扁椭球形状；大壳填满时，核的形状又变为球形。原子核形变随核子数变化展现出某种周期性。

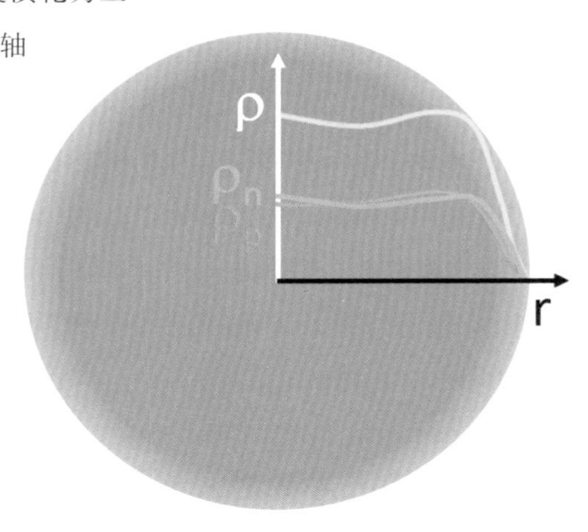

原子核内核子密度分布示意图

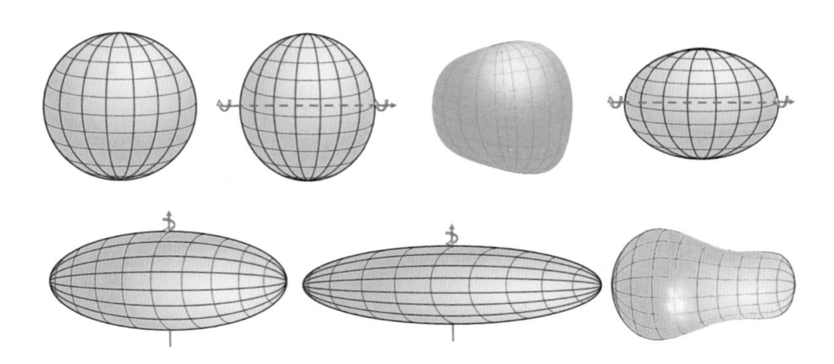

球形、长椭球、三轴椭球、扁椭球、2:1 长椭球、3:1 长椭球、八极形变

任何三维形状，在数学上都可以用球谐函数Y展开，其中Y=2，3，……时，分别叫作四极形变、八极形变等，每种成分的幅度由Y表示。椭球形状（包括长椭球、三轴椭球、扁椭球）均属于四极形变。

在某些核区，主要是在双幻核上方不远的中重核(Z=56、N=88)和重核核区(Z=88、N=134)，原子核除了有四极形变成分，还会出现八极形变成分。原子核的形变既有四极形变也有八极形变成分时，总体形状会像梨一样。

原子核那么小，如何判断它的形状呢？一个办法就是实验测量原子核的电多极矩。电四极矩是表征核电荷分布偏离球对称程度的重要参数。原子核的电势可以用一个单极子电势（球形）与四极子电势及八极子的电势（常被忽略）等之和来描述，所以原子核的电势分布会随其形状而变化。球形核的电多极矩为零，具有四极形变的核，它的电四极矩不为零，而且形变越大，电四极矩越大。另外，早期通过电子散射实验，测量了稳定核内的电荷分布，也能推测核的形状。再者，球形核与形变核的激发态表现出明显的差异。球形核只能激发出看起来不规则的单粒子态；而有四极形变的核可以发生转动，它们的激发态具有非常规则的转动带结构；近球形核有围绕球形的振动激发态。

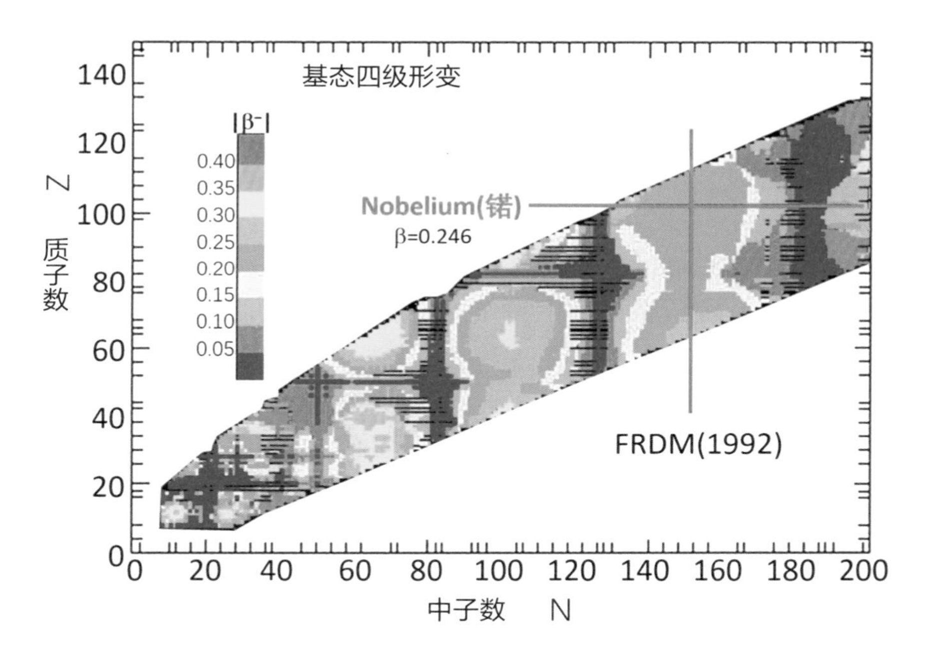

核素四极形变大小一览图

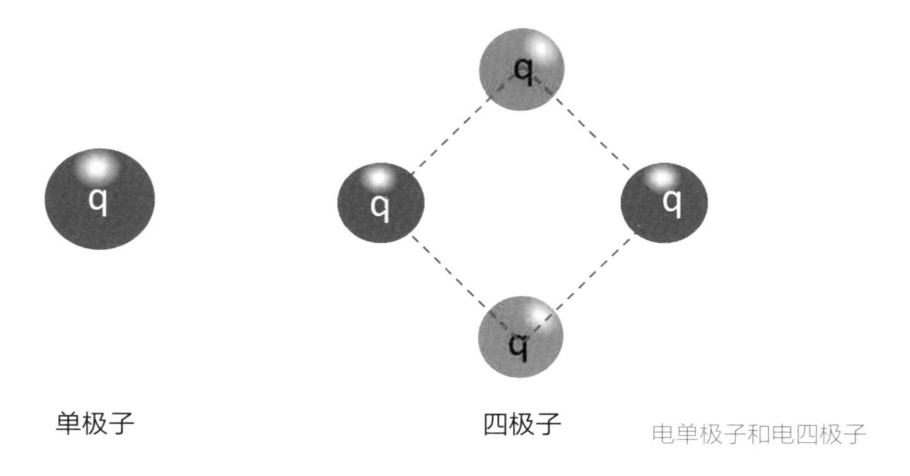

电单极子和电四极子

2.形状共存

在一个原子核内，少数核子从一个壳层被激到另一个壳层，量子轨道改变时，原子核形状会发生改变。这种在同一核中会出现不同形状的现象叫作形状共存。一个典型的例子是^{186}Pb，实验上观测到的三个自旋都为0^+的低位态，它们对应三种不同形状：基态（第一个0^+态）为球形，第二个0^+态为扁椭球，第三个0^+态为长椭球。^{186}Pb中三个0^+态对应的形状分别为球形、扁椭球和长椭球。

60多年前理论上就预言了在某些极端条件下，如高激发能、高角动量量子态，某些原子核可能呈现出非常奇异的形状，例如棒形、环形等，但目前尚无确凿的实验证据支持这些

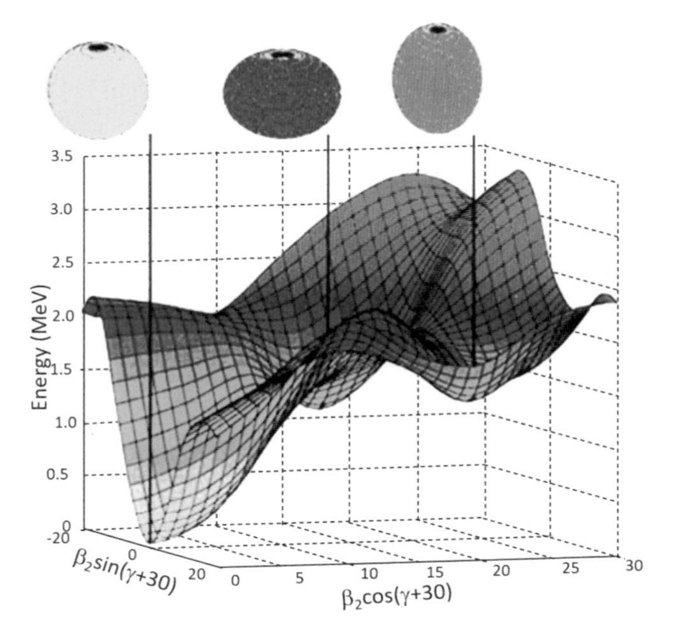

^{186}Pb 中三个 0^+ 态对应的形状分别为球形、扁椭球和长椭球

预言。例如^{12}C具有三α结构，基态时三个α在同一平面内呈三角形，而在非常高激发状态时三个α会排成一条。^{28}Si处在高激发状态时，组成它的7个α可以形成一个环形结构。目前，科学家正在探寻这些理论预言的结构。

3.晕核

随着实验技术的发展，研究对象向远离稳定线的核区逐渐扩展，在轻质量核的滴线附近，发现了一种具有晕结构的原子核，即由核心与其外围的晕核子组成的核。例如^{11}Li是由核心^{9}Li和外围的2个晕中子组成。早期利用弹原子核与稳定的靶原子核碰撞的概率大小（总截面指以两个原子核半径之和为半径的圆面积）判断一个弹原子核是否具有晕结构。从碰撞概率可以推知弹原子核的半径，如果弹核半径出现异常大的情况，就认为该原子核有晕结构，如图中^{6}He、^{8}He、^{11}Li、^{11}Be、^{12}Be、^{14}Be、^{17}B、^{17}Ne等。后来又发展了其他实验方法来确定一个原子核是否有晕结构。目前已经在实验上观察到了一批原子核具有质子晕或中子晕结构。理论研究认为，在距离核心较远的轨道上，存在一些单粒子共振态，处于这些共振态上的核子会与核心束缚在一起形成具有晕结构的一个原子核，尽管束缚的力量非常弱。

总之，原子核是一个非常非常小的体系，正如常说的麻雀虽小，五脏俱全，它是由一定比例的质子和中子组成，质子和中子比例合适的原子核非常稳定，中子过多或过少的原子核都是不稳定的，会发生衰变。质子和中子总数过

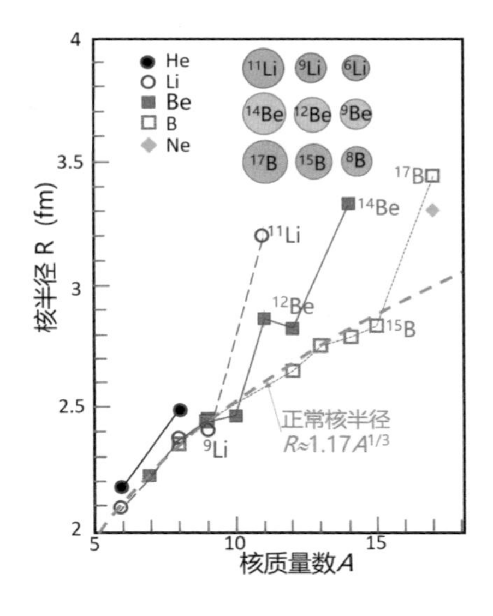

一些同位素的核作用半径的变化

多的原子核也是不稳定的。在原子核内，核子都在不停地运动，使得从整体上看，随核子数的变化和外部能量的输入，不仅可以改变其结构、外貌，也可以改变其能量状态。现在，虽然对原子核的结构和性质有了很多的了解，但是还有很多细节不是完全清楚，还需要进一步研究和探索，以便更好地掌握和利用它。

五、原子核质量的测量

前面介绍过，原子核是由质子和中子组成的。由于质子和中子数目的不同，原子核被分为很多种。对于不同种类的原子核，当然它们的质量也不一样。当前，理论学家预言自然界存在的原子核有7000~8000种。经过百余年的发展，人类已发现、合成并鉴别了约3200种原子核，其中测量了约有2500种原子核的质量，剩下的700多种原子核的质量还有待进一步实验测量。

1.为什么要测原子核质量

自然界中万物都是由原子组成的，但是一个原子中的主要质量都集中于原子核，它占原子质量的99.9%以上。在原子核内，其质量与各种力的固有的内在联系使得原子核的质量成为许多科学研究领域的支柱。因此，原子核的质量作为它的最

普通物理
基本常数
电荷对称、时间反演、
空间反映的检验，
$\delta m/m \le 1\cdot10^{-10}$

物理与化学
基本信息
$\delta m/m \approx 1\cdot10^{-5}$

原子物理
结合能，
量子电动力学
$\delta m/m \le 1\cdot10^{-9}$

原子核质量测量

注入

电子
冷却

原子核物理
质量公式，核模型，
晕核

天体物理
原子核合成，
各种天体核过程
$\delta m/m < 1\cdot10^{-7}$

弱相互作用
对称性检验，
CVC 假设
$\delta m/m < 3\cdot10^{-8}$

与原子核质量测量相关的一些学科

主要特性，无论是在日常生活中，还是在科学技术中都具有重要的地位和作用。

质量是原子核最基本的参数之一。原子核的质量等于组成原子核内核子（质子和中子）在自由状态下的质量减去原子核的结合能：

$M(N,Z)=Z\times m_p+N\times m_n-B(N,Z)$

质子质量m_p和中子质量m_n在实验上已经被精确测量了。因

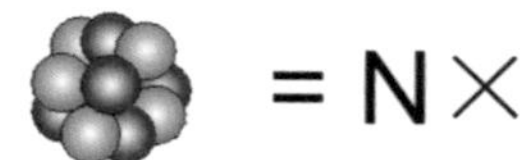 = N× ● +Z× ● − 结合能

此，通过测量原子核的质量M(N,Z)，可以直接计算出原子核的结合能B(N,Z)。那么，这个结合能直接反映了核内核子之间强、弱和电磁相互作用的综合结果。此外，原子核的质量与原子核本身的壳结构及原子核的形状也有密切的关系。原子核的最后两个质子的分离能和最后两个中子的分离能更能体现核内壳结构的状况。因此，对原子核的质量测量将进一步丰富和深化人们对原子核内部结构和运动规律的认识。

原子核的质量测量是物理学研究中基础的工作之一。自然界里的很多未知事物都可能在这里被发现或被重新定义。到目前为止，原子核质量测量结果已经极大地促进了人类对微观和宏观物质结构的认识。

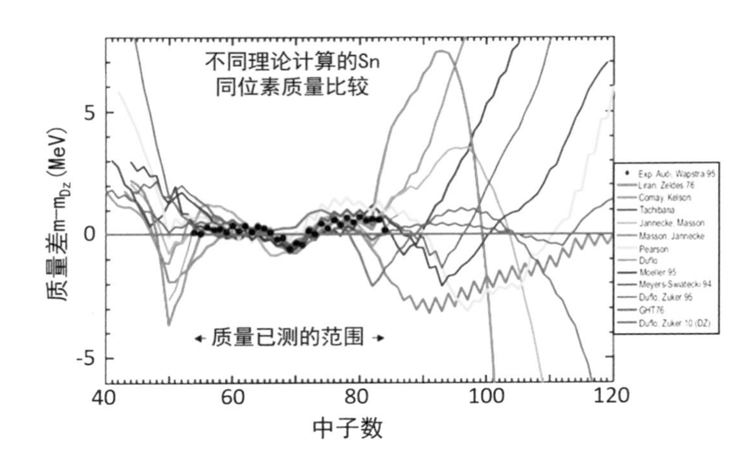

不同原子核质量模型计算结果的比较

2.怎么测原子核质量

说起称物体的质量，最容易想到的是天平。生活中还有许多应用于不同场合的测量仪器，比如，杆秤、磅秤、电子秤、地磅等。随着科学技术的发展，测量质量的工具种类越来越多，正朝着高智能、高精度和多功能的方向发展。我们可以根据实际测量的需要选择合适的测量质量工具。然而，我们知道，原子核的体积和质量都太小了，测量它的质量并不是一件容易的事情。这项工作的精度和难度可以用检测“在一架空客A380上是否多放了一个U盘（的质量）”来描述。

我们以一个中等质量的原子核^{51}Co为例，2万亿亿个^{51}Co还没一粒小米，重它的寿命也只有100毫秒。因此，要想知道原子核的体重就需要探索一些新型的手段和方法。科学家经过不断

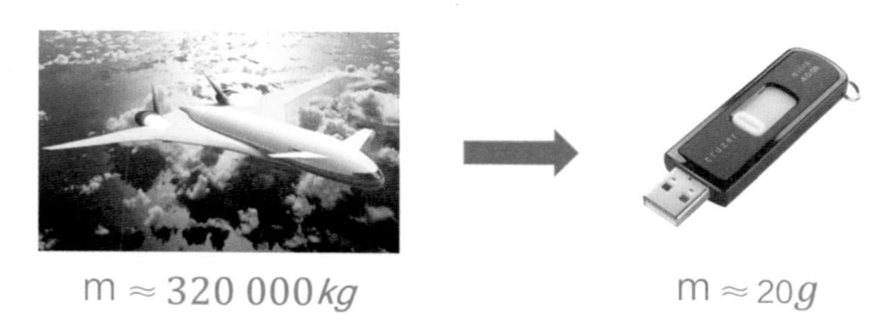

空客 380 与 U 盘的质量比较

地探索和努力，发展出了一系列方法和工具。下面，我们简单了解一下原子核质量测量的历史。

前面讲过，原子核的种类非常多，对于质子数相同而中子数不同的原子核，我们称之为同位素。同位素的发现与原子核的质量测量有着直接的关系。1913年，英国物理学家约瑟夫·约翰·汤姆逊(Joseph John Thomson) 在研究阳极射线时，利用质谱仪第一次证实了同位素的存在。

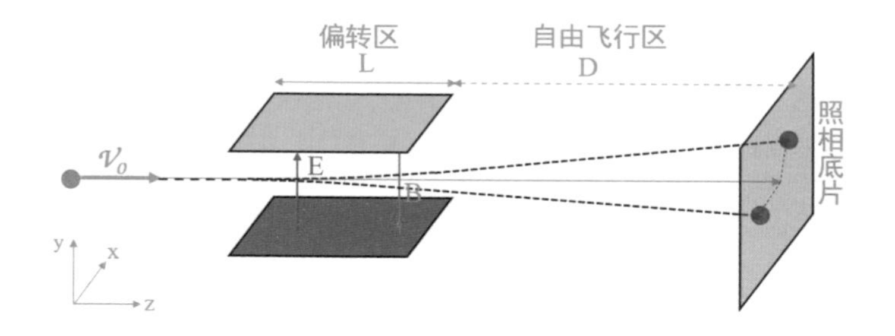

汤姆逊实验装置示意图

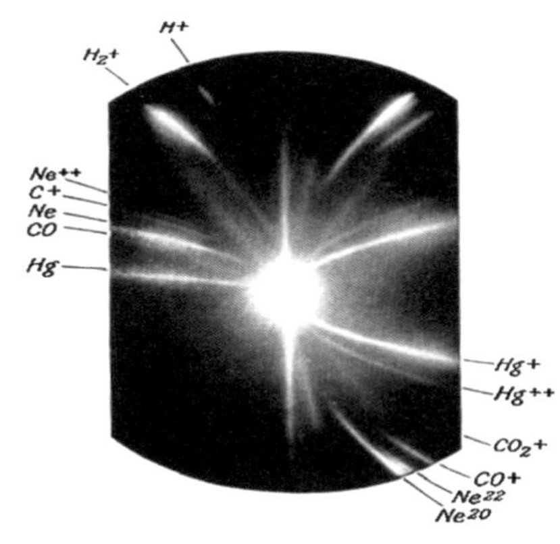

1913年，汤姆逊报道的质量谱，不同的核素显示为底片不同位置的曝光

汤姆逊实验装置的基本原理是运动中的离子在电磁场中会发生偏转。当电磁场的强度和离子的速度一定的情况下，离子在x和y方向的偏转距离仅仅和离子的质量电荷比（简称质荷比）有关系。那么，对于某种元素的同位素，由于其所带电荷量（质子数）相同而质量不同，其质荷比也是不同的。那么，如果这些离子以相同的初速度通过汤姆逊的实验装置，它们在照相底片上打出的光斑位置也是不同的。汤姆逊报道的照片中，每个分辨出来的核素都被标记出来了。图片右下角就标记了氖元素（Ne）的两种同位素，分别是^{20}Ne和^{22}Ne。

说起汤姆逊的成就，就不得不讲讲他的学生兼助手弗朗西斯·威廉·阿斯顿（Francis William Aston）的贡献。他于1919年结束兵役后重回实验室，继续对氖的同位素进行研究。他对质谱仪做了一系列的改进，建立了第一台可对同种离子聚焦（能量聚焦）的装置，并相继研制出性能更高的第二和第三台。借助这几台具备电磁聚焦性能的质谱仪，他鉴别出200多种天然同位素。通过对这些同位素的质量的研究，他发现了“整数法则”，即原子质量都是氢原子质量的整数倍，而引起实际值与上述法则偏差的原因是同位素的存在。这些研究成果促进了首个原子核模型（液滴模型）的建立、原子核壳结构和幻数的发现以及爱因斯坦质能公式的证

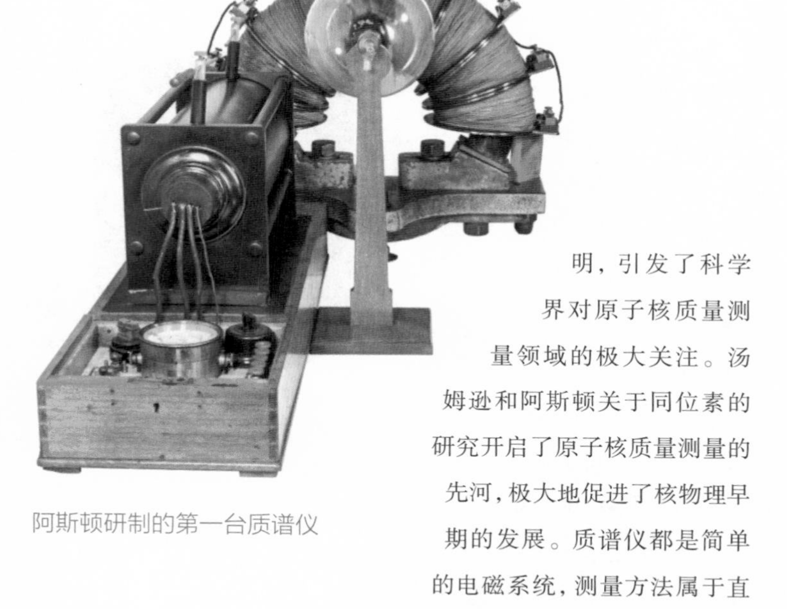

阿斯顿研制的第一台质谱仪

明，引发了科学界对原子核质量测量领域的极大关注。汤姆逊和阿斯顿关于同位素的研究开启了原子核质量测量的先河，极大地促进了核物理早期的发展。质谱仪都是简单的电磁系统，测量方法属于直接测量。随着科学技术的不断发展，原子核质量的测量方法也不断地发展、不断地完善，出现了许多新型质量谱学技术，从而满足不同领域对质量精度的要求。如时间飞行谱仪、Q3D磁谱仪、加飞行时间的磁谱仪、回旋加速器、重离子冷却存储环、彭宁阱等。从1913年到现在，原子核质量测量已经有100年多年的历史了。

阿斯顿研制的第三代质谱仪

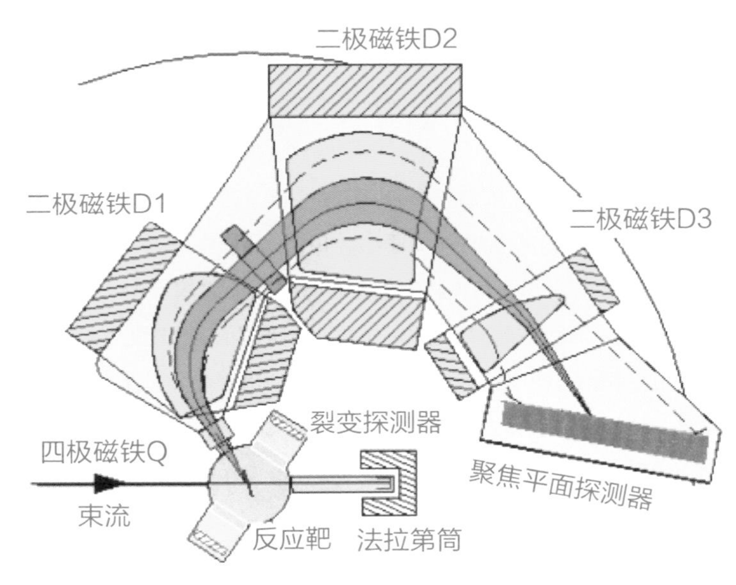

Q3D 磁谱仪

ISOTRAP

3.原子核质量测量现状与主流的测量方法

在质谱仪发展的这100多年里，科学家通过不懈努力研究出了很多质量测量的方法。质量谱仪也从当初简单的电磁系统发展到如今的储存环和彭宁阱。质量测量精度相应地也从早期的10^{-4}提高到了现在的10^{-10}。从图中可以看出稳定核素^{28}Si的质量精度随年代逐渐提高的过程，几乎是每10年提高一个量级。被测原子核的区域也从稳定线附近的稳定核和长寿命核逐渐延伸到滴线附近的短寿命放射性核素。这里展示了测过质量的核素区域随着年代的变化，早期的质量测量只是针对稳定线附近的核，现在逐渐延伸到滴线附近。

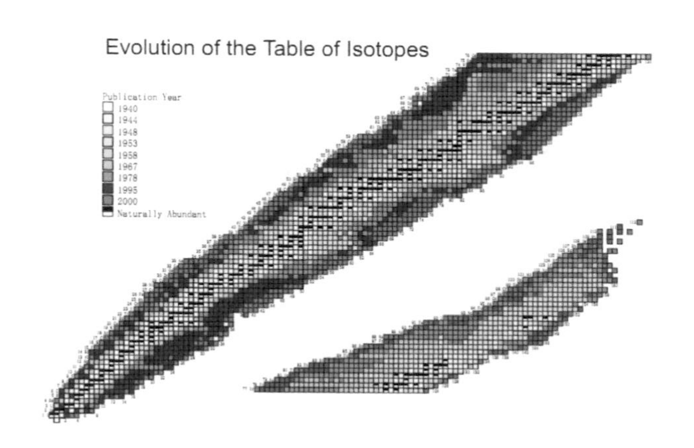

原子核质量测量区域随年代的变化，从最初的 β 稳定线附近延伸到滴线附近

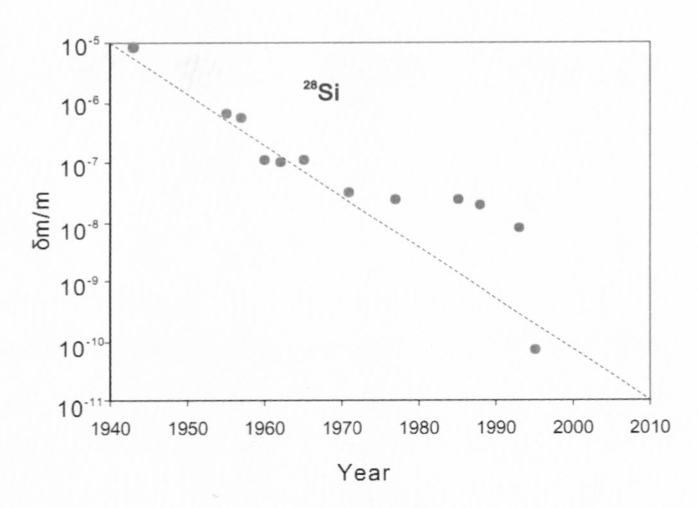

^{28}Si 质量精度随着质谱仪的发展逐步提高

原子核的质量测量大致分为直接和间接两种方法。间接方法的原理是能量守恒定律，大多是通过测量核反应中的反应能值（Q值），然后通过反应前后原子核的质量推导出某个未知质量。这种方法能够测量滴线附近短寿命核的质量。由于反应中测量Q值的误差很小，在一些核反应实验，如(n, p)、(n, α)、(n, γ)反应中能够获得较高的质量精度。尽管能够精确测量核的动能，但是由于缺少核素的谱学信息和衰变到不同子核的份额信息，这种方法在衰变测量中会导致大的系统误差，尤其对于远离稳定线的核，由于其谱学信息很少，由此带来的误差会更大。

现代直接测量方法的原理是大致相同的，都是通过精确测量离子的飞行时间或者在已知磁场中的回旋频率，再利用已知质量核的质量数值求得未知质量核的质量。

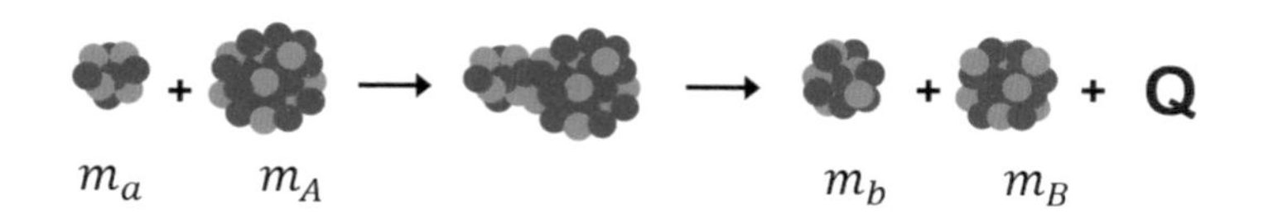

基于 Q 值的原子核质量间接测量方法原理

飞行时间法就是通过测量原子核飞行一段距离的时间及动能，从而确定其质量。这是一种直接测量原子核质量的基本方法。假设一个原子核的动能为E，质量为m，通过一段距离d的时间为t，则在非相对论情况下，其质量$m=2E(t/d)^2$。为了提高这种测量方法的精度，主要是提高时间测量精度，或者加长飞行距离以增加飞行时间，当然也要提高能量测量精度和距离测量精度。这种方法的质量测量精度在10^{-3}量级。

对于一个在磁场中运动的离子，其运动方程为：$m/q=B\rho/\upsilon\gamma$，在已知磁刚度Bρ（磁场强度与离子回转半径的乘积）的情况下，测量到离子的速度v［$v=(1-\beta^2)^{1/2}$,为相对论修正因子］，就可以得到原子核的质荷比，在早期物理实验中可用来鉴别不同的离子。丁肇中先生构思建造的α磁谱仪就是要用来测量太空中的反物质粒子的。高精度磁谱仪的质量测量精度大约在10^{-4}量级。为了进一步提高质量测量精度，科学家将磁谱仪与飞行时间方法结合起来，产生了新的质量谱仪。法国GANIL(Grand Accélé rateur National d'Ions Lourds)的SPEG(Spectromètre à Perted' Energiedu Ganil)，美国Los Alamo国家实验室(LANL)的TOFI(Time-of-Flight Isochronous Spectrometer)和美国NSCL (The National Superconducting Cyclotron Laboratory)都建造了这种类型的TOF-B装置。在SPEG谱仪中，待测离子的飞行距离达82米，使其时间信号的分辨达到约2×10^{-4}。SPEG中每个离子的动量分

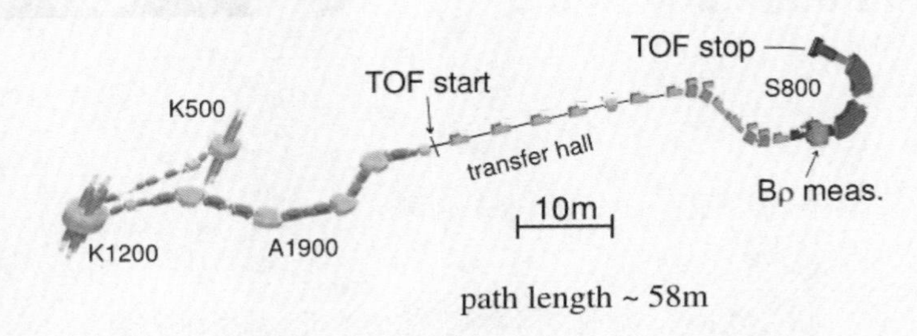

美国 NSCL 的 TOF-Bρ 装置示意图

辨达到10^{-4}。由于在实验中使用了较多的已知精确质量的原子核作为标准进行刻度，使得利用SPEG谱仪测量^{70}Se和^{71}Se的质量精度达到5×10^{-6}。

由于飞行时间谱仪的测量精度受飞行距离的限制，德国重离子研究所（GSI）在近二十多年的时间里发展了基于FRS-ESR的储存环质量测量方法，目前已经测量了数百个原子核的质量。紧随其后，中国于2007年在甘肃省兰州市建成了全世界第二个储存环，于2008年7月通过国家验收，并且成功开展了原子核质量测量实验。其测量的原子核质量已应用于原子核结构和天体物理领域的研究。

德国重离子研究所（GSI）重离子储存环照片

4.冷却储存环上的原子核质量测量

（1）等时性质谱术

在兰州重离子加速器国家实验室的兰州重离子加速器冷却储存环（HIRFL-CSR）上，已成功开展了基于等时性质谱技术的质量测量实验，精确测量了一批短寿命放射性核素的质量，取得了一系列显著的研究成果。那么储存环是怎样测量原子核质量的呢？

在实验测量时，科学家将很多的原子核注入储存环中。有些原子核的质量科学家是知道的，而有些是不知道的。为了测量那些质量未知原子核的质量，我们根据每个原子核质荷比的不同，把他们分成不同的类，每一类原子核就代

兰州重离子加速器冷却储存环（HIRFL-CSR）的布局图

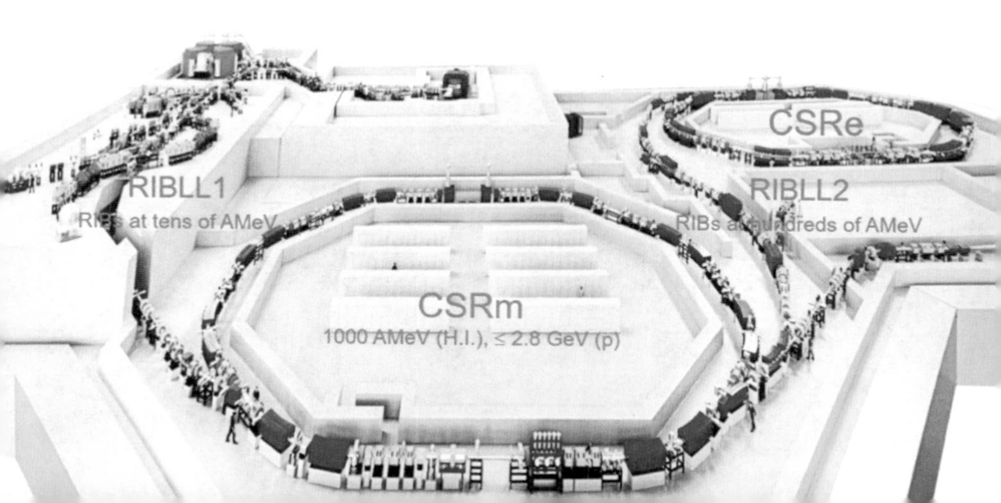

兰州重离子加速器冷却储存环（HIRFL-CSR）的实物图

表着一种核素。

对于原子核而言，储存环就如同真空跑道。科学家对原子核进行加速后，让原子核在储存环跑道里转圈。由于跑道周围磁场的存在，使得同一种类的原子核跑一圈的时间必须是一样的。但是对于同一类的原子核，有的速度快，有的速度慢，那该怎么办呢？于是，科学家对储存环进行特殊的设置，让速度快的走外跑道，绕大圈，速度慢的走内跑道，走小圈。总之，同一类原子核，跑一圈的时间必须是一样的。

接下来，科学家让所有的原子核在储存环里转圈，并测量每一个原子核跑一圈所用的时间。根据回旋时间的不同，把原子核分成不同的类别。由于原子核跑一圈所用的时间只与它的质荷比有关系，所以科学家可以根据质量已知原子核的回旋时间和那些质量未知原子核的回旋时间来推断出它的质荷比，这样就可以得到那些质量未知原子核的质量。

当原子核在储存环跑道上转圈时，需要使用一个特殊的装置来记录下这些原子核的跑圈时间。只有很好地分辨出了不同种类原子核在环形跑道上跑一圈所用的时间，才能知道原子核在质量上的差异。在经过主储存环（CSRm）的加速后，原子核的奔跑速度非常快，将近20万千米/秒，接近光速的2/3。因此，为了清楚地记录下原子核跑一圈的时间，这个装置必须异常的灵敏。在兰州冷却储存环的等时性质量谱仪中，能胜任这一角色的就是高灵敏飞行时间探测器。

高灵敏飞行时间探测器由碳膜、电势板、外部二级磁铁和微

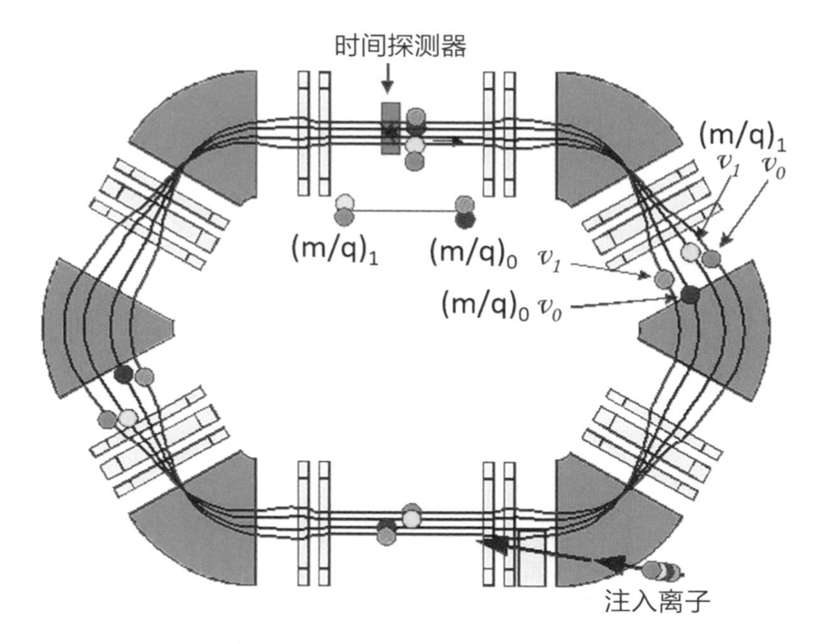

等时性测量原子核质量的原理图

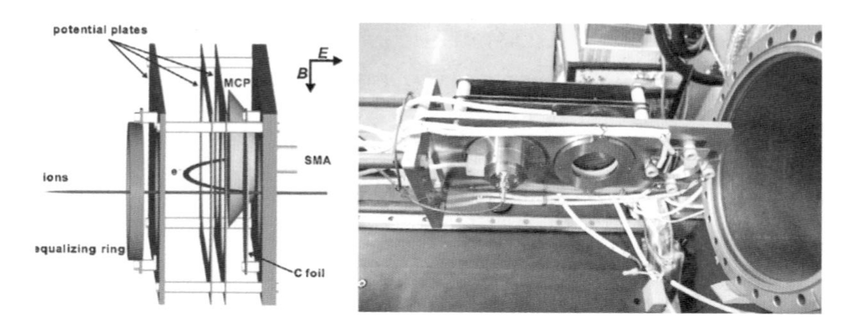

高灵敏飞行时间探测器结构图（左）和实物图（右）

通道板组成。作为等时性质谱仪合格的“记录员”，这个装置需要有两种极强的能力：

有一双明亮的“眼睛”，能够看到极快的原子核何时从它面前通过；

有很快的反应能力，能够及时准确地“按下秒表”，记录下原子核在它面前通过的时刻。

为了让“记录员”获得以上两种强大的能力，高灵敏探测器有着与众不同的设计。

碳膜：相当于环形跑道上的终点线。原子核穿过碳膜时，带电的原子核会与碳原子的外层电子发生作用，使一部分电子脱离碳膜的表面。这些电子在电磁场的作用下，传输到微通道板，使得裁判员能看到运动员撞线的画面。

电势板和一个外部二级磁铁：从上面的图片中可以看到探测器有三块平行的电势板。在三个平行板加不同的电压，平行板之间就形成了均匀的电场。在外部的二级磁铁线圈加上恒定直流电流产生一个匀强磁场，方向与电场垂直，并经过“特殊设计”，使得不论原子核在什么位置穿过碳膜，它们所产生的电子传输到“记录员”眼睛所花费的时间是相同的。

1996年以来，在重离子存储环上利用等时性方法不仅测量了大批短寿命原子核的质量测量，技术也随之不断发展，使得测得的质量分辨率不断提高，从最初的10^{-6}量级提高到10^{-7}量级，甚至更好。近代物理所从2008年开始在HIRFL-CSRe上利用等时性方法精确测量了^{45}Cr、^{46}Cr、^{49}Fe、^{50}Fe、^{53}Ni、^{54}Ni、^{63}Ge、^{65}As、^{67}Se等一批原子核质量，许多原子核的质量精度进一步提高，例如^{54}Ni的质量测量不确定度仅为4keV，即质量分辨率进入10^{-8}量级。特别是^{63}Ge、^{65}As和^{67}Se几个原子核的寿命仅有100毫秒量级，它们的质量是首次被测量的。

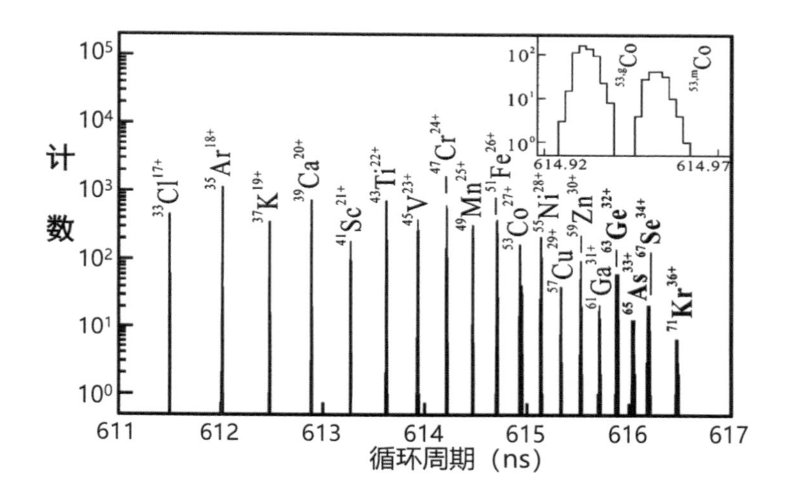

不同质量的原子核在环中的循环周期谱

（2）肖特基方法测量原子核质量

利用冷却存储环，还可以通过另外一种称为肖特基方法的途径测量原子核质量，就是让每一个待测质量的原子核在环中的跑步速度不变，同时通过肖特基探测器记录它们每跑一圈的时间，从而求得其质量。但是原子核在环中跑步时有的会与残余的气体分子碰撞，而有的则不发生碰撞，使得离子的速度变得很不一致，俗称变“热”了。为此就需要一个特殊的装置——电子冷却装置使离子的速度冷下来。在这个装置中，有一束很“冷”的电子束（前进速度整齐划一，且与初始设定的离子跑步速度相同），与“热”的离子束混合，将“热”的离子束“冷”下来，使得离子始终都保持原有的跑动速度。例如德国GSI在利用肖特基方法测量原子核质量的过程中，根据上千次的傅立叶频谱进行平均，得到所测离子的最终频谱，经过与已知质量核的频谱比较和计算修正，得到了Pb至Bi区一大批寿命在10秒以上的原子核的质量，精度大都在100keV或者更小。如果将冷却存储环等效为一个磁谱仪，那么它的质量分辨本领可达350 000。

5.彭宁离子阱测量原子核质量

为了更精确地测量原子核的质量，科学家还发明了彭宁阱，用彭宁阱可将稳定原子核的质量测量精度提高到10^{-11}量级。现在国际上用于原子核质量测量的彭宁阱很多，例如欧洲核子中心的ISOTRAP、德国GSI的SHIPTRAP等。

彭宁离子阱就是一个囚禁离子的陷阱，它的结构如下图所示，由具有旋转双曲线形状的圆环和上下盖三个电极组成（也有设计为柱状的），并将其置于均匀的强磁场中。上下盖与环形电极之间加一弱的恒定电势（Udc），在阱中形成一个轴向（Z方向）对称的电四极场。当极低能量的离子进入阱中后，就会具有一个复杂的运动模式，可将其分解为三个独立部分：在磁场中受到洛伦兹力而做圆形回旋运动（小半径的圆周运动）；在上

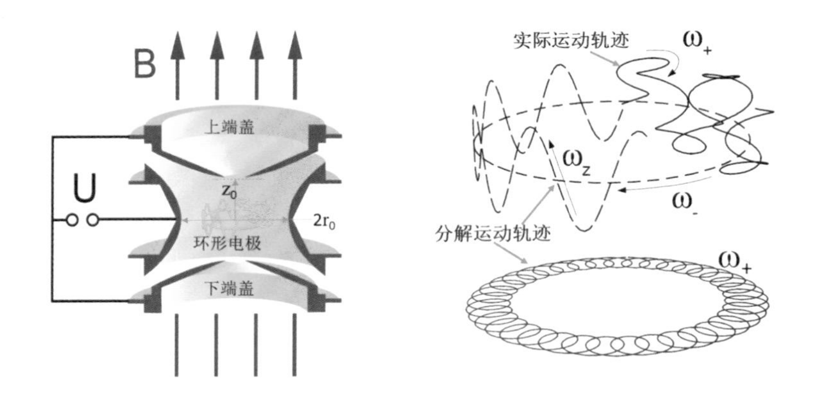

离子阱结构及离子在阱中的运动轨迹示意图

下盖之间沿轴线方向做简谐振荡；阱中存在与磁场垂直的电场，从而对离子产生径向作用力，引起离子的环形磁控运动（大半径圆周运动）。这三种运动的频率之间相差甚大。假设离子在没有电势时的磁场中做回旋运动（自由回旋运动）的频率是 ω_c，利用不同的方法精确测量每种运动的频率，就能够得到在没有电场存在时离子在磁场中的回旋运动频率 ω_c，根据 $\omega_c=Bq/m$，从而确定离子的质量。

利用彭宁阱测量原子核质量的过程中，电场和磁场的稳定性以及外部的干扰都会对测量的精度带来不可忽视的影响，为此，在理论和实验两方面都进行了很多专门研究，尽量减少这些影响，提高测量精度。目前，在这类装置上获得的最高质量测量分辨率为 10^{-11}。

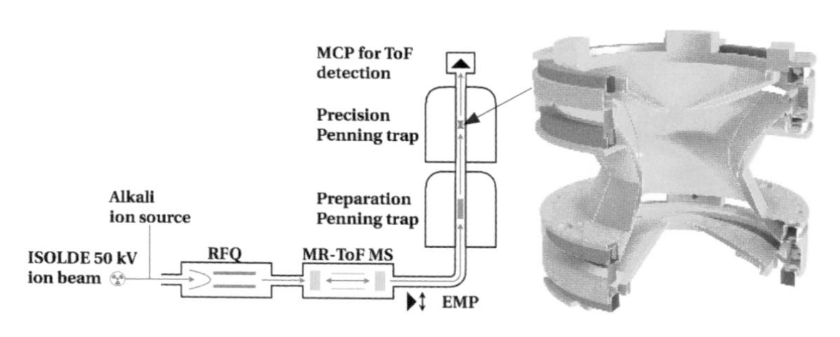

ISOTRAP 的布局图　　离子阱的内部结构立体图

第三章

原子核的运动场

第三章　原子核的运动场

一、运动场概貌

100年前卢瑟福利用天然的粒子轰击原子核实现了核反应。但是天然粒子的能量不高，不能开展更多的工作。因此，科学家希望利用一种设备将更多种类的粒子加速到更高的能量（速度）。这就产生了能使原子核获得能量的装置——粒子（离子）加速器。

在一般情况下，原子核不能单独存在，其外围都被电子围绕着，而且电子的数目与原子核内质子的数目相等，使它们成为一个极其微小的中性原子系统。不同的原子大小也不同，大概有一亿分之一厘米。这么微小的一个中性系统，不可能用手推着向前跑，更不要说使它飞快地运动起来。我们都知道带电的小球，如电子，在电场会被加速，获得能量。那么，将原子外面的电子剥去一些或者额外加上一个电子，中性的原子不就变成了带电的小球了吗！这种带电小球被称为离子，利用电场就可以使其获得能量。因此，要想使原子核获得能量，需要两个基本条件：一是要将原子变成离子；二是电场。也就是说，加速器要具备这两个功能：产生离子和加速离子。因此，需要产生离子的设备——离子源，需要产生强电场（恒定的或交变的）

的设备——高压电源（恒压的或者交变的）。还有，快速离子在各种形态的物质——固、液、气等离子体——中运动时都会与物质中的电子、原子（核）发生碰撞，从而减缓自己的速度。为了不使被加速的离子变慢或者维持它长距离（时间）的输送，就需要提供一个真空环境，即极少有其他原子存在的环境——真空腔和真空管道。以上是组成一个最简单的加速器的必备条件。为了约束高速运动离子的运动方向，需要增加一个磁场，这就需要磁铁。有了这四大条件，就可以组成一个简单的加速器系统了。加速粒子的过程中，要求有些部分是稳定的，如离子源应提供稳定的粒子流，有些部分按要求产生变化，如电场和（或）磁场需要随时间有规律的变化。不同类型的加速器对电场和磁场的变化规律要求不同，因此，需要灵活地对其进行控制，这也要求具有功能充分的控制系统为其服务。另外，在提供较高能量粒子的加速器中，电场、磁场（电磁铁）都会产生大量的热量，部件的温度会升高，所以需要冷却，这就需要建立冷却系统。其冷却介质都是高纯水，避免在水管中结垢或对水管造成腐蚀。

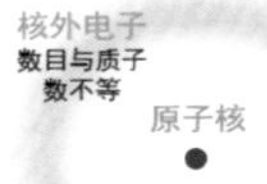

原子、离子、重离子示意图

科克罗夫特

总之，加速器是一个复杂的系统，它主要包括以下几个方面的技术：恒定或高频交变的高电压及其传输设备、恒定或交变强磁场、大功率交变或稳定电源，（超）高真空、多参量快速控制、超导和冷却等。当然，离子源是必不可少的。每一方面的技术都还会涉及许多相关的技术，而且，对每项技术的要求都非常高，例如要求磁场的稳定度在$10^{-6}\sim10^{-5}$，真空度（气体强度）有的要求达到10^{-12}毫巴。

1928年，维德罗(E.Widere)虽然率先提出了加速带电粒子的加速器方

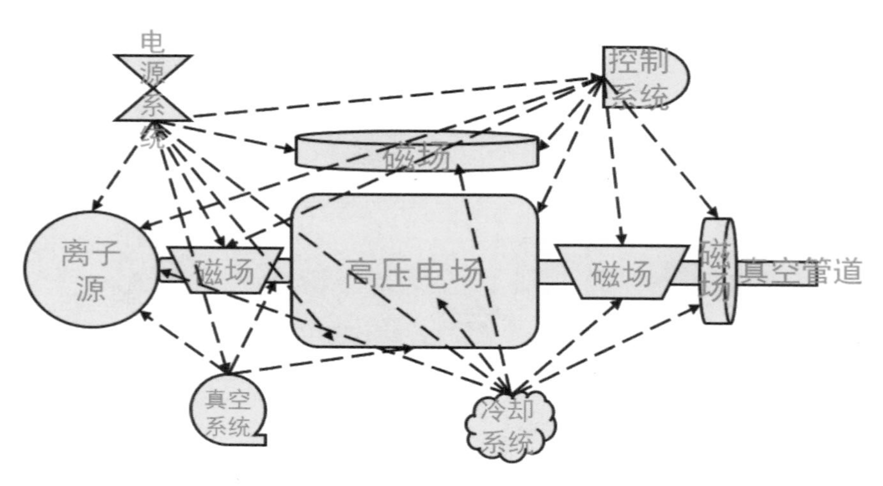

加速器系统的组成

案，但电压不够高不能用于原子核反应研究。1932年，在卢瑟福领导的实验室工作的科克罗夫特(J.D.Cockcroft)和瓦尔顿(T.S.Walton) 合作设计、建造了第一台高压倍加器，它获得能量为700KeV 的质子束，并用来轰击锂靶，实现了人类第一次人工核反应。近百年来，加速器理论不断发展，先后出现了各种类型的加速器，包括倍压加速器、静电加速器、回旋加速器、同

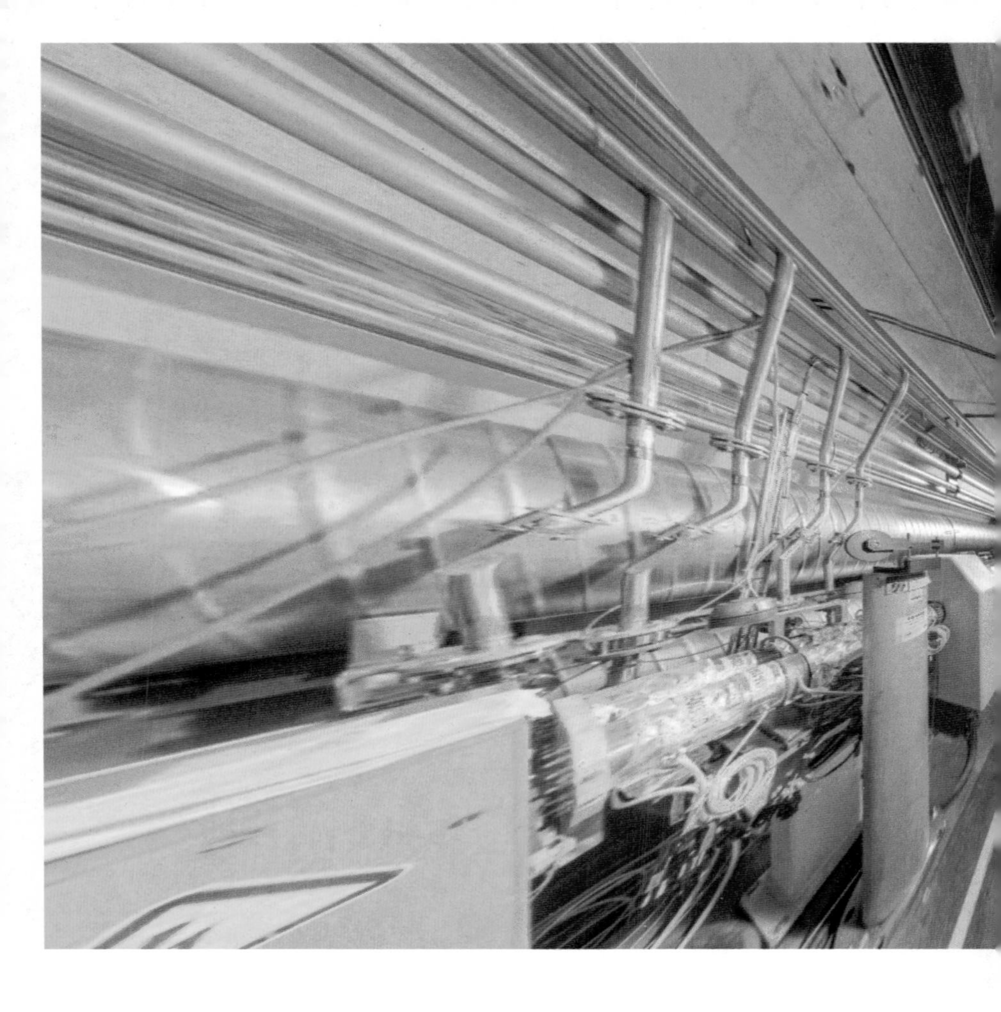

步加速器和直线加速器等。现在的加速器可以将各种带电粒子和元素周期表中所有元素的离子都能加速到非常高的能量,用来进行各种各样的核物理研究和粒子物理研究。

只要带电粒子可以被有效地产生,加速器就可以对它进行加速。因此,根据用途不同,科学家设计建造了不同的加速器:电子加速器和轻、重离子加速器。加速器不仅是进行粒子物理和核物理基础研究不可缺少

欧洲核子研究中心的大型强子对撞机 LHC 局部

的装备，同时在工业生产和医疗领域也有广泛的应用，如电子加速器用于辐照电缆，离（粒）子加速器用于样品成分的分析，核微孔膜制备，大型集装箱检测，X射线治疗和重离子治癌。高能同步电子加速器也用于提供X射线，称为同步辐射光源，它在生物、材料和其他学科有广泛的用途。用途广泛的散裂中子源就是利用高能质子加速器提供的高能质子束流轰击铅靶产生中子的。反应堆核废料的处理中也会用到高能质子加速器。

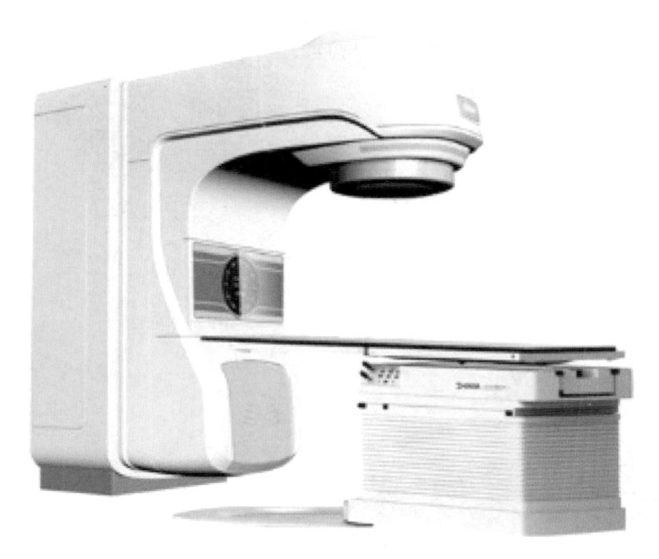

医用电子加速器

二、加速器离子源

加速器离子源有很多类型，但从原理上讲，大致分为两类：一类是加热电离型离子源；另一类是利用外源电子轰击电离的离子源。

1.加热电离型离子源

通过加热金属使其表面的原子电离并发射，一般用于碱金属和类碱金属类原子。发射离子流强度较低（与表面面积有关），粒子能量也低，寿命短。这类离子源在现在已经不再使用。

激光离子源是利用强激光直接照射加热待电离材料表面，使原子电离并发射出来。这种离子源提供离子束的强度与激光强度有关。近代物理所也建成了强流高电荷态激光离子子

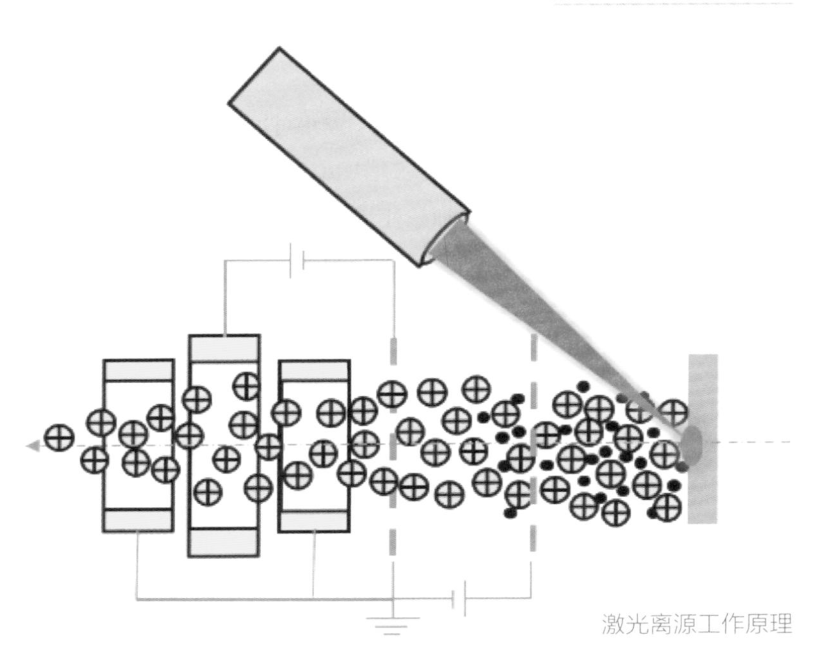

激光离源工作原理

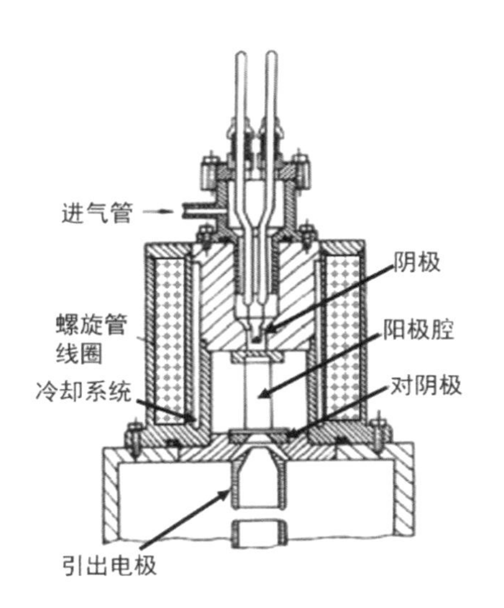

热阴极离子源

源。它用了一台3焦耳的Nd/YAG激光器（波长1064纳米，脉冲宽度8～10纳秒,重复频率1Hz）。这台激光离子源在离线调试阶段，产生的束流强度达到4～6毫安。

2.电子轰击电离离子源

高频离子源：利用高频电场激发出自由电子，然后这些电子再轰击气态原子产生离子。

电子束离子源：利用阴极发射的热电子直接轰击待电离的原子（多数

为气态或分子态）使其电离为离子。这种离子源需要有一个阳极，使电子获得足够的能量，以便能够将待电离原子外层电子打掉，以产生离子。这种离子源产生的离子流强度有限。早期的小型加速器中使用。

3.等离子体放电离子源

当很强的电子流轰击气态原子时，会产生等离子体（如电焊时出现的耀眼弧光）——自由电子、离子和中性粒子共存，整体呈电中性的一种物质形态，从中可以引出所需的离子。为了增加电离效率（电子的穿透距离），外加不同构型的磁场。这样就形成了不同形式的等离子体放电离子源。

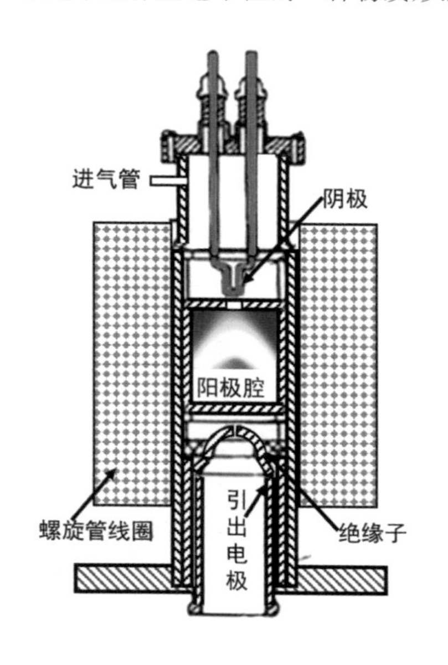

弧放电离子源

（1）弧放电离子源

由阴极热发射的电子维持气体电离放电的离子源。阴极为电加热丝，阳极做成筒形。磁场方向与轴线平行，以便更好地约束阴极所发射的电子流，并在阳极腔中使气体的原子（或分子）电离，形成等离子体密度很高的弧柱。离子束可以垂直于轴线方向引出，也可以顺着轴线方向引出。

（2）等离子体（PIG）离子源

等离子体离子源是弧放电离子源的改进版。在弧放电离子源中，阳极另一端和阴极对称的位置上，装一个与阴极等电位的对阴极，使阴极发射的电子流在阳极腔内反射振荡，提高了电离效率，改变了放电机制。阴极一般用钨块制成，由电子轰击加热，称为热阴极离子源。反射放电电压较高时，可在冷阴极状态下工作。这时离子源结构更加简单，称为冷阴极离子源。对于功率较大的离子源，阴极被放电所加热，达到电子热发射温度，这称为自热阴极离子源。

(3)双等离子体源

双等离子体源是一种工作在非均匀磁场中的弧放电离子源。通过电极系统和磁系统的特殊布局，放电产生的等离子体有两次收缩。由于引出的离子流强度大、亮度高、主体结构紧凑，双等离子体源使用十分普遍。

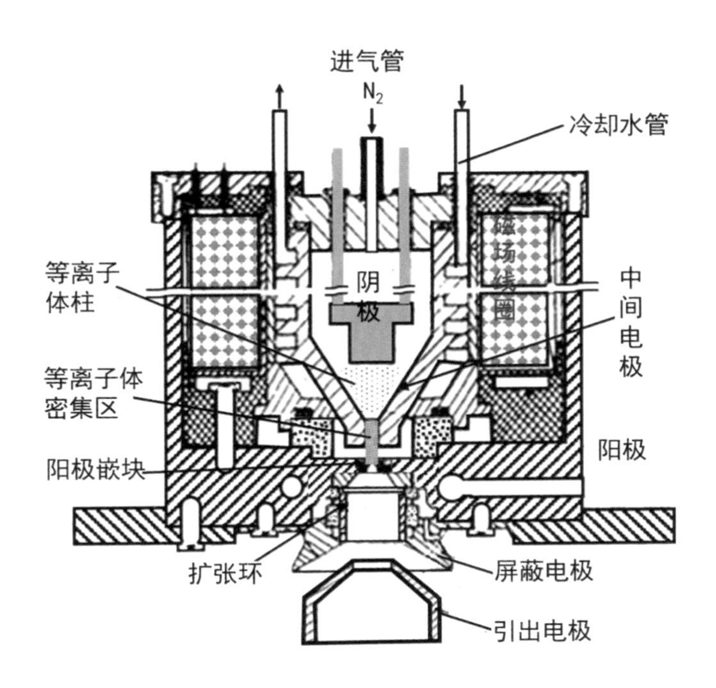

双等离子体离子源

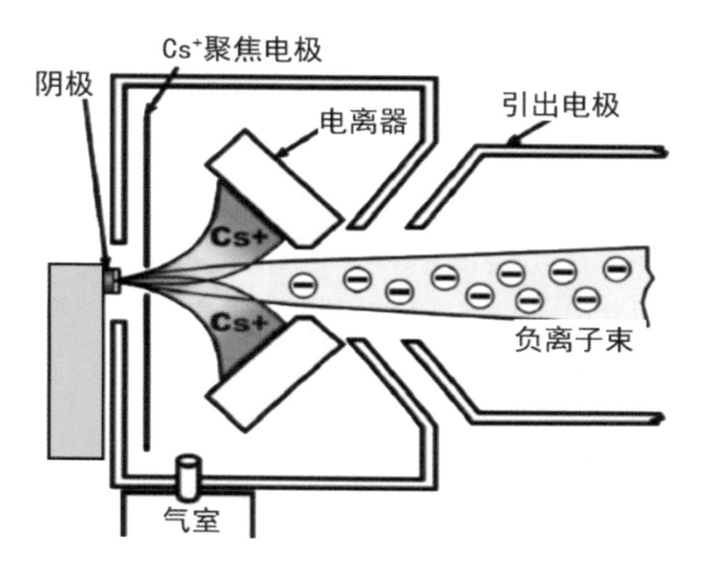

负离子离子源与原理图

（4）双彭源

将双等离子体源和 PIG离子源结合再一起，就构成了另一种离子源 —— 双彭源。电子在中间电极和对阴极之间反射振荡，增加了电离效率。大功率的双彭源是一种单电荷态的强流离子源，可以引出安培级以上的离子流。

（5）负离子源

在串列加速器中大都使用负离子源，为此可以利用正离子束，如铯离子轰击电子亲和力强的靶材料，就可以得到靶材料的负离子束。

(6)新型离子源——电子回旋共振(ECR)离子源

利用纵向和径向磁场将高能电子和离子约束在一个腔体内，电子与离子不断地碰撞，使离子具有很高的电荷态，然后将离子引出。电子与离子碰撞所损失的能量由外加微波补充。在垂直于磁场方向上有一定速度的电子，都会在磁场中做圆周运动，其运动频率与磁场强度有关。如果外加微波频率与电子圆周运动频率相等，则电子可以吸收微波能量，维持其不停地运动以便与离子的束缚电子碰撞，并使其电离。电子的能量越高，即圆周运动的速度越高，越能够将束缚更紧的内层电子电离掉，所得到的离子的电荷态也越高。为了获得更高的电荷态强流离子束，不仅要提高约束磁场强度，更重要的是提高输入微波的频率。早期用于加速器的ECR离子源的微波频率只有8GHz，后来增加到14.5GHz、18GHz、28GHz，有的ECR离子源还同时用两种不同频率的微波输入加热等离子体。近代物理所从2004年研制出第一台超导ECR离子源SECRALI，通过创新的磁场布局，加

中国科学院近代物理研究所研制的
第二代超导 ECR 源 SECRAL-II

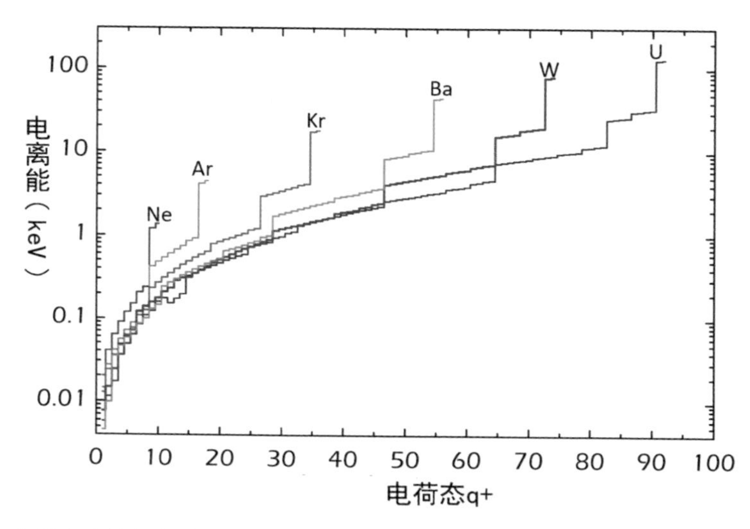

电子电离能与电荷态的关系

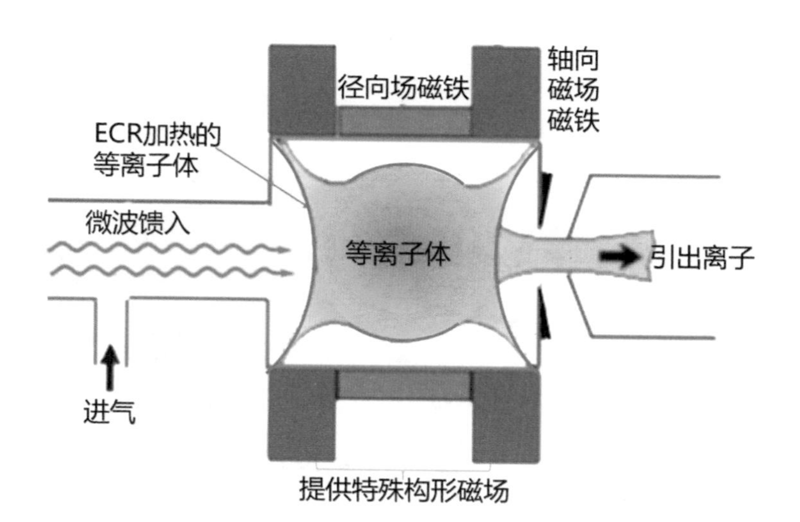

ECR 离子源原理图

上18GHz＋28GHz的高频微波输入，使其引出的重离子束流强度超过当时世界上的其他超导ECR源。如Kr^{27+}、Xe^{33+}、Au^{35+}、U^{41+}离子流达到20～50μA。2017年，又进一步改进微波输入方式，提高了输入微波功率的效率，成功研制出第二台超导ECR离子源SECRALⅡ，它可提供的高电荷态重离子的流强达到了一个新的高度，例如O^{6+}达到6700微安、$^{40}Ar^{12+}$1.4毫安、$^{129}Xe^{26+}$1.1毫安、$^{209}Bi^{30+}$0.71毫安、Kr^{28+} 365μA，实现了法国重离子加速器实验室（GANIL）10年前提出的Ar^{12+}1.0毫安的期望目标，打破了该离子源离子束流强度“无法逾越1.0毫安的魔咒”，标志着高电荷态离子源引出流强进入毫安级时代。

中国科学院近代物理研究所建造的第二代超导ECR离子源SECRALⅡ和第一代SECRL引出束流强度表（单位：mA）

Ion	SECRAL-Ⅱ	SECRAL
O^{6+}	6700	2300
Ar^{14+}	1040	846
Ar^{16+}	620	350
Ar^{18+}	15	0.2
Kr^{18+}	1020	304
Kr^{28+}	146	4
Xe^{30+}	365	360
Xe^{38+}	56	22.6
Xe^{45+}	1.3	0.1
Ta^{30+}	375	/
Ta^{38+}	204	/

三、离子（粒子）加速器

加速器从原理和结构上可以分成三种类型：恒定高压型加速器，包括倍压加速器和静电加速器；谐振型加速器，包括回旋加旋速器、环形加速器和直线加速器等；感应型加速器。下面对各种类型的加速器原理做简单介绍。

1.倍压加速器

倍压加速器亦称高压倍加器，是直流高压加速器的一种。它利用倍压整流原理产生的直流高压加速电子、质子、氘核和各种离子，也是一种最早建造的低能加速器。结构简单，造价低廉，使用方便，但是提供的粒子能量不高（1MeV以下），现在已经很少使用。

2.静电加速器

为了进一步提高粒子的能量，1931年范德格拉夫建成了

近代物理所原有的600千伏高压倍加器（左）及倍压原理（右）

静电起电机，可以获得1.5兆伏（MV）的电势差。1933年，人们先后建成了静电加速器，可以把质子加速到0.6MeV和1.2MeV的。20世纪50年代初期，静电加速器的最高能量已提高到5MeV以上。后来，串列加速原理的使用，已经把能量提高到30MeV，甚至更高。

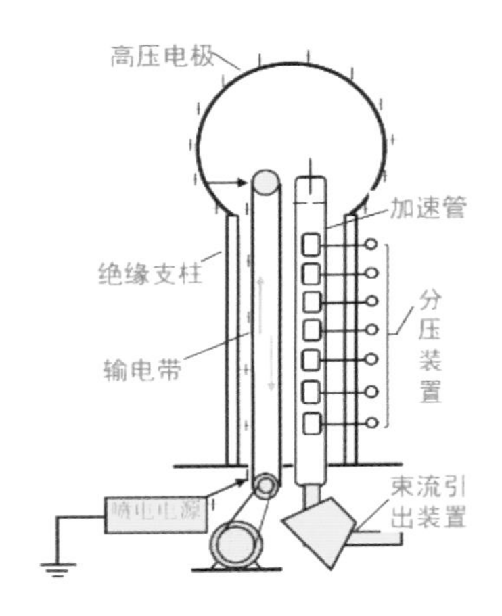

静电加速器运原理图

静电加速器是借助输电梯将电荷不断地输送到一个金属壳体上，使金属壳体积累几MeV到几十MeV电压，从而将离子加速到很高的能量。高压头到束流引出端口之间安装有加速管，利用分压电阻将加速电场均匀分布在加速管上，离子通过加速管时被加速。加速管内部是真空状态，避免离子与其他气体分子碰撞而产生散射和能量分散。为了安全，将加速装置放置在钢筒内，并充填高压、绝缘性能非常好的六氟化硫气体以便提高电压。离子源置于高电压端。

为了充分利用这一静电高压，后来又设计了串列静电加速器，即将高电压球置于中间，上段和下段都装有加速管用来加速离子。但是，需在中间增加一个剥离膜。离子源放置于最上端，一般都引出负一价离子。在上段被加速的负离子（X^-）通过剥离膜时，将被剥去几个电子，变为正离子（X^{n+}），在下段进一步被加速。串列加速器由于有两次加速离子的机会，可提供的离子束能量更高[端电压$V\times(n+1)$]。中国原子能科学研究院的串列加速器的端电压为

13MV，理论上可以提供C离子束的最高能量是被加速C^-通过剥离膜后，选择C^{6+}再一次被加速，即$13\times(6+1)=91MeV$。

尽管串列加速器的高压可以很高，例如40MV，但是离子只能在其中走直线，最多也只能被加速两次。这就限制了离子的能量。因此，静电加速器只能是低能加速器。

串列加速器有的是站着的（直立式），有的是躺着的（卧式）。

近代物理研究所原有的2×2MV串列加速器

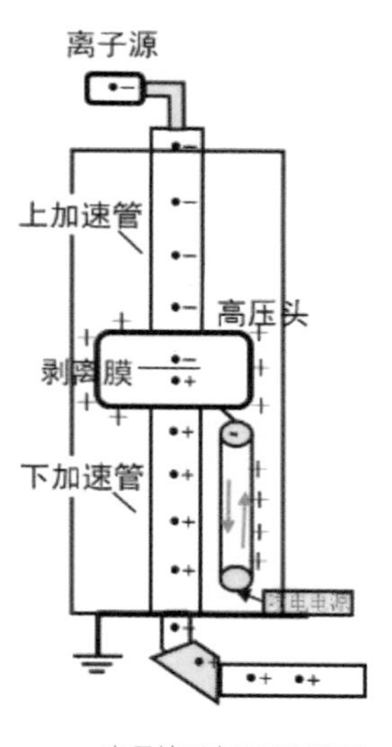

串列加速器原理图

3.经典回旋加速器

回旋加速器是另一种形式的加速器。这种加速器不仅有加速电场，同时还增加了与电场垂直的磁场，使带电粒子在垂直于磁场的平面内做圆周运动。回旋加速器中的电场与静电加速器的高压电场不同，它是交变的，如正半周是加速，负半周则为减速。经典的

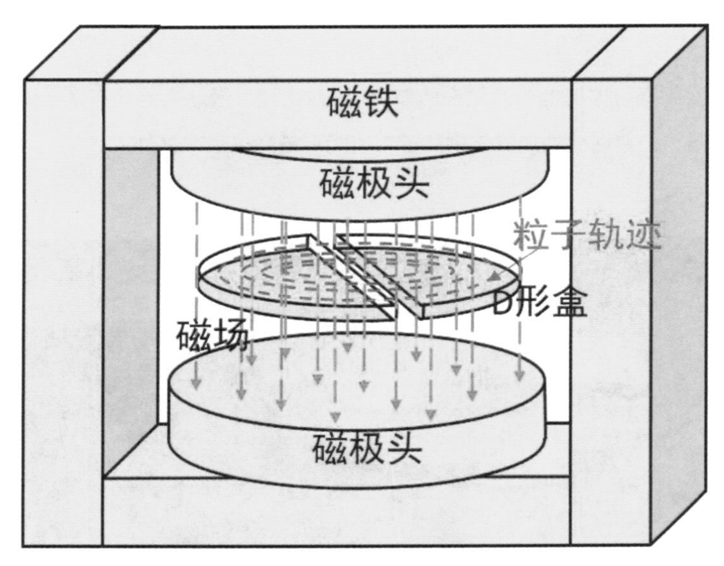

经典回旋加速器原理图

回旋加速器的结构如图，在圆形的磁场中相对放置两个半圆形的盒子（D盒），在两个D盒之间加上交变的电场，来自离子源的离子在D盒内做圆周运动。如果交变电场的频率刚好与离子在磁场中做圆周运动的频率相同，且离子到达D盒边缘时，两个D盒之间的交变电场也处于正半周，离子就会被高压电场加速。被加速一次，离子运动的半径就会增加一点，因此，离子在被加速的过程中的运动轨迹是近似螺旋线。由于离子在磁场中运动的半周所需时间T=m/Bq，只与离子质量m、离子电荷态q和磁场强度B有关，而与速度无关。因此，在能量较低时，忽略相对论效应，那么，离子一旦被加速，就会一直被加速下去，直到运动到D盒边缘被引出为止，除非在运动的过程中与别的粒子发生了碰撞。当然，离子的加速是在真空腔体中进行的。由于相对论效应的存在，离子能量会随其速度而增加，回旋频率与加速电场的频率的差别也逐渐增大，最终会终止于某个能量。经典回旋加速器提供质子束流能量最高也只有20MeV。

经典回旋加速器原理图

4.稳相回旋加速器

如何克服相对论效应带来的限制呢？稳相加速原理指出，具有一定能散度且先后进入加速电场的部分离子（粒子）在一定条件下，会自动聚集在一个平衡相位（高频加速场的某一相位）的周围，并围绕这一相位来回振荡，形成离子束团。因此，可以适当地调节加速电场的频率，使其适应由相对论效应引起的离子回旋频率的降低，将束团中的离子一直加速到所要求的最终能量。这种加速器称为稳相加速器。但是，这样会使得最后输出的束流强度大大减小，

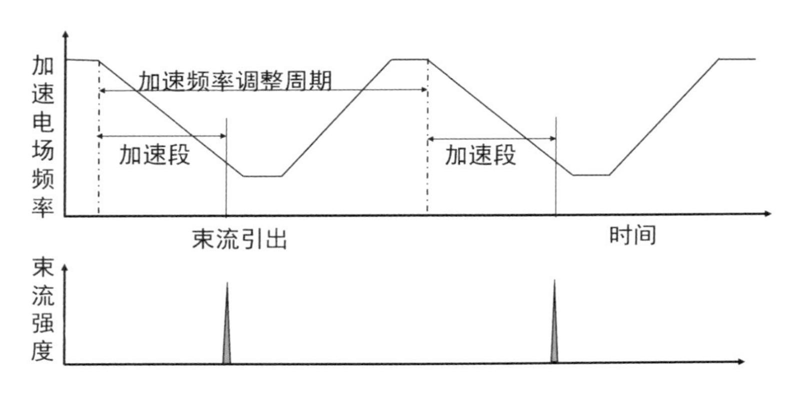

稳相加速离子的原理

只有经典回旋加速器强度的0.1%~1%。而且，由于磁铁还是整块的，当需要将离子加速到非常高的能量时，磁铁就需要做得非常大。世界上最大的一台稳相加速器是美国伯克利实验室的质子加速器，它提供的质子束流能量为720MeV。这台加速器的磁极直径有4.8米，磁铁重达4300吨。如果再提高能量，那么，磁极就会更加庞大，这就限制了这种加速器的应用。

5.等时性回旋加速器

由于高能物理的发展，需要更高能量的加速器，如何满足这一要求呢？等时性回旋加速器就是一个很好的方案。等时是指不同能量的离子尽管在磁场中回转半径不同，但是，回转一周所需要的时间相等。早在1938年托马斯就提出了等时性回旋加速器的概念，就是使轴向磁场强度沿方位角周期性地调变，一方面产生额外的聚焦力，同时，也可使沿方位角平均的轴向磁场强度从中心至引出半径逐渐增强，以确保离子的等时性。为实现这一方案，需要将磁铁加工成比较特殊的形状，而其还要通过垫补，使其成为等时性磁场。由于技术上的原因，直到20世纪50年代，这

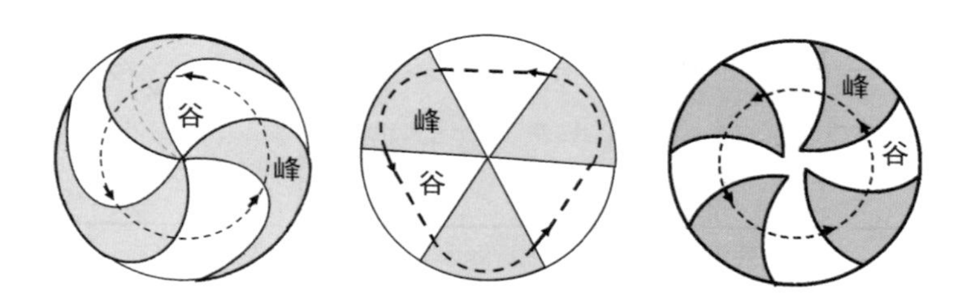

等时性回旋加速器磁场的几种形式

一概念才重新提起，并得到进一步发展，建造出更好的分离扇回旋加速器。这种加速器不仅可以加速质子，也可加速重离子。兰州重离子加速器就是这种类型的加速器。

1930年，劳伦斯就提出了回旋加速器的理论，1931年，他和他的学生利文斯顿（M. S. Livingston）一起，研制了世界上第一台回旋加速器，这台加速器的磁极直径只有10厘米，加速电压为2kV，可加速氘离子达到80keV的能量，向人们证实了他们所提出的回旋加速器原理。随后，经利文斯顿资助，劳伦斯1931年8月建成了一台磁极头直径为25.4厘米、磁场可达1.4T的较大回旋加速器，可以将质子加速到1.2MeV。有关这一加速器的文章1932年4月发表在美国《物理

劳伦斯建造的世界上第一台回旋加速器

评论》杂志上。后来，有人将1932年称作现代粒子加速器时代的元年。

1939年，美国伯克利实验室建造了一台直径为1.52m的回旋加速器。

劳伦斯建造的世界上第二台回旋加速器

随着加速器理论和技术的不断进步，回旋加速器得到了不断地发展，它不仅可以加速轻粒子，也可以加速从Li到U的所有重离子，加速的离子能量也有了很大的提高，质子能量可到800MeV。

近代物理所1962年建成了引进的1.5m 经典回旋加速器，可以提供质子、氘粒子和α 粒子束流。这台回旋加速器系统包含了几大部分：离子源部分、电磁铁及其电源、高频腔及高频电压发生器（高频机）、水冷系统、真空系统、束流引出及传输系统（包括真空管道、二极磁铁和四极磁铁、束流探测装置）。高频电压发射机产生的高频电压经由高频传输管道馈入加速器的高频腔体。电磁铁由外围的磁铁电源供电，以产生需要的磁场。高频系统及束流传输系统中的二极磁铁、四极磁铁，在运行的过程中产生的大量热量由水冷系统带走。

1970年，经过改造后，这台加速器可以加速C、N、O等重离子。1976年，近代物理所开始建造中国第一台中能重离子加速器（SSC），并计划这台回旋加速器作为SSC的注入器，为此，又将这台加速器（SFC），它能将碳离子加速到每核子10MeV。1988年，中国第一台重离子加速器（SSC）建成。从此，由离子源、SFC、SSC和相应的实验设备一起构成了兰州重离子研究装置（HIRFL），它可以提供从质子到U的所有离束流，$^{12}C^{6+}$离子的能量最高可达1200MeV，为中国的重离子物理研究提供了较好的基础条件。利用回旋加速器将离子加速到很高能量时，离子在磁场中被加速的次数要增多，例如，$^{12}C^{6+}$离子在SSC中每转一圈，其能量增加3MeV，即使只增加到1000MeV，就应该在磁场中转330多圈。每两圈之间的距离即使仅有6mm，磁场的半径也要增加约2米，这使得磁极变得非常大（SSC的注入束流开始加速时的半径为1米），这样的磁极加工极其困难。因此，研究人员设计了分离的磁极，即将一个完整的磁极分为多扇。例如SSC的磁极就是由四扇组成的，每扇重500吨，磁场强度最高到12 000高斯。离子都是在真空室中被加速的，SSC的真空室容积100立方米。SSC有两个高频加速腔，分别安装在相对的位置上，相应的高频机的功率为2×120kW（见图）。

采用超导磁铁可以减小回旋加速器的体积，例如美国MSU的超导回旋加速器。

近代物理研究所的回旋加速器SFC

近代物理研究所的回旋加速器SSC

近代物理研究所的回旋加速器 SSC 的高频腔

6.同步加速器

随着核物理和粒子物理的发展，需要加速器提供更高能量的离子束，特别是高能重离子束流，例如每个核子 1 GeV（1000MeV），甚至100GeV，如果使用回旋加速器，它的磁铁就会显得非常庞大。为了不使用庞大的磁铁，加速器专家设计了另外一种同步加速器。所谓同步加速器，即在确定的环形轨道上用高频电场加速电子或离子的环形加速器装置，其磁场强度和高频加速电场的频率随离子的能量的增加，按照一定的规律进行调变，是一种谐振加速离子（粒子）的加速器。这种加速器需要有另外一个加速器作为注入器，将离子加速到一定能量后再注入到它里面进一步加速到更高的能量。

早期的同步加速器只是用一个高频加速腔和许多相同的二极磁铁组成。加速电子时，由于注入的电子能量较高（5MeV的电子的速度已经超过光速的95%），不再考虑

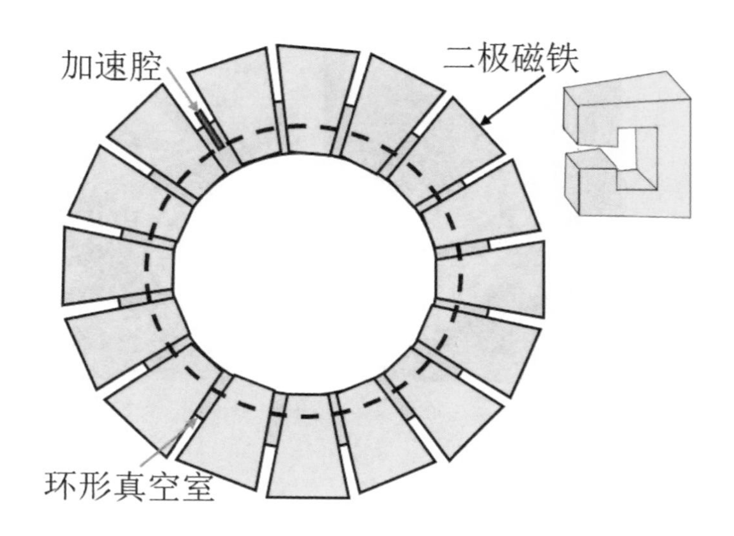

同步加速器原理图

相对论效应的影响，因此，在进一步加速时，只需要调节磁场即可。但是，加速质子时，需要考虑相对论效应的影响。所以，随质子能量的升高，要同时调节磁场强度和加速电场的频率。

但是，在加速过程中由于二极磁铁的聚焦力较弱，不在中心轨道上的离子（占绝大多数）会围绕中心轨道产生振荡。因此，要用直径比较大的真空管道，这就要求磁铁的体积也要随之增大。例如，20世纪50年代，苏联联合核子研究所建造了世界上最大的质子同步加速器，可将质子加速到10GeV。该加速器真空室（管道）的截面竟然达到150厘米×40厘米，一个人都可以在里面爬行。而它的磁铁重量达到36 000吨。真称得起是一个庞然大物。如果要将质子加速到100GeV的话，这样的加速器该大到何种程度！

1950年，克里斯托菲的电气工程师提出了强聚焦原理，才使得同步加速器避免了越来越庞大的命运。强聚焦原理就像在光学中利用不同透镜组合起来，将一束发散的光在较短的距离上聚焦在一起那样。目前，同步加速器都采用强聚焦方式，二极磁铁有均匀的磁场，只管引导离子的运动方向，引入四极磁铁，负责离子的聚焦（分为水平聚焦，垂直散焦或者反之），将它们适当组合就可以形成一个分离型磁铁强聚焦同步加速器。而且可以将质子加速到6.5TeV，重离子也可被加速到每核子几百GeV量级。

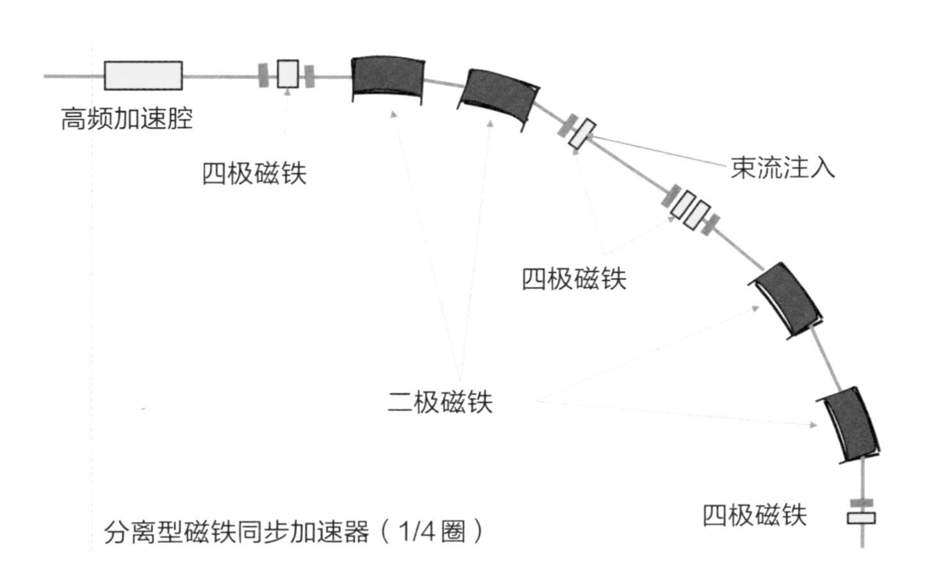

强聚焦同步加速腔的结构示意图

美国重离子对撞机 RHIC，周长 3.84 千米，Au 离子能量达 100GeV/u

7.对撞机

对撞就是两个快速的离子（粒子）迎头相撞。与轰击固定靶相比，对撞的两个粒子的相对能量就可翻倍，可以满足物理研究对更高能量的需求。对撞机就是能够将两种粒子（离子），例如正负电子，或者质子与反质子，或者同种离子，例如金离子，利用同步加速器分别加速到非常高的能量后，然后使其迎头相撞的加速器系统。对撞机有三大功能：积累、加速和对撞。北京高能物理所的正负电子对撞机、美国的RICH、西欧核子中心的LHC等都是粒子对撞机。

8.冷却存储环

在环形加速器中，束流离子被加速到一定能量时，如果停止高频加速电压，并固定磁场强度，那么在理想状态下，离子就会在环中不停地转圈，就像是把离子存在环中了，所以同步加速器也能成为存储环。为实现存储，要求离子运行的通道——真空管道中的真空度要非常高，即气压非常低，一般为10^{-10}~10^{-9}Pa，避免离子与管道中的残余气体分子（原子）碰撞而丢失。但是，管道中毕竟还是有残余气体分子，一个离子长时间回转的过程中总会与它们相碰，每次碰撞离子都会损失一点能量，回转轨道也会发生变化，过不了多长时间就会碰到管壁而“死”掉。总体上看，存储的离子数会随着时间而减少，直到不可利用的程度。

为了能将束流离子在环中存储更长的时间，专家提出将束流离子冷却——将束流离子整齐排队向前冲。如果将一般的离子束流放大再放大，仔细查看，它们就像是在一条单行道上奔跑的人群，虽然总体上都是向前奔跑的，但是，每个人的速度可能会有稍许差别，还有许多人会斜行，甚至横着穿行，显得比较繁乱。如果从物理上讲，这样的状态，其温度就比较高，如果这些人都排成整齐的队形，喊着“一、二、一”的口令向前奔跑，这种状态的温度就会非常低。冷却就是将杂乱的离子队伍变成很整齐的队伍，使队伍中每个离子的前进速度都相同。

冷却办法有两种：电子冷却和随机冷却。

电子冷却就是利用与离子平均速度相同的冷电子束将离子束裹挟，使电子与那些斜行或者横行的离子以及那些很快的或者很慢的离子碰撞，经过多次碰撞，强迫这些离子归位，并具有电子的平均速度。这种方法比较慢，但是精度高。

兰州冷却存储环

随机冷却，就是在一个位置上探测由于一些离子的偏离引起离子束整体上的偏向，再在另一个适当位置上用电压给予校正。这种方法的冷却速度快一些，但精度较低。

兰州重离子冷却存储环就是一个典型的重离子冷却存储环。

9.直线加速器

顾名思义，直线加速器就是离子沿直线前行的同时，被高频电场多次加速，最后达到一定的能量。直线加速离子的原理是1924年由瑞典科学家依辛提出并加以证实的。但是，由于高频技术发展落后，科学家直到1945年才开始建造实用的直线加速器。如图所示，在腔体中有一系列的金属管状电极1、2、3……，两个电极之间有高频电压，1、2之间为负时（2、3之间为正），处于它

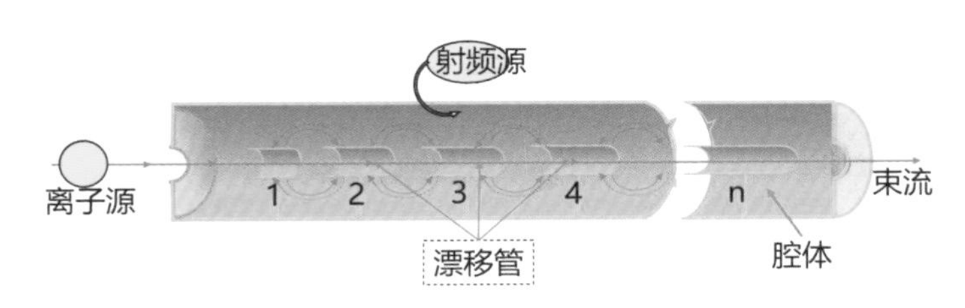

直线加速器驻波型加速腔

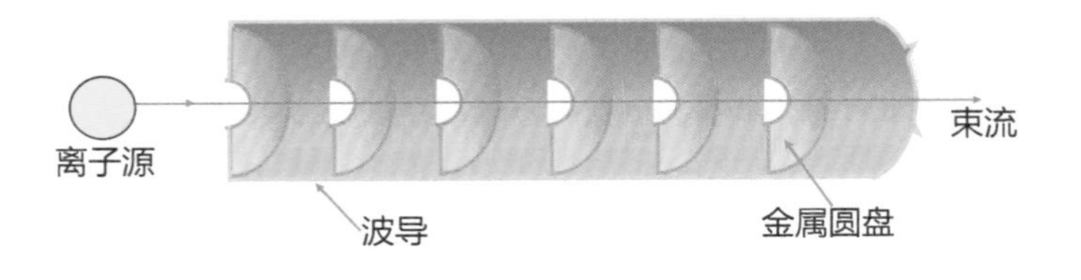

行波型加速腔

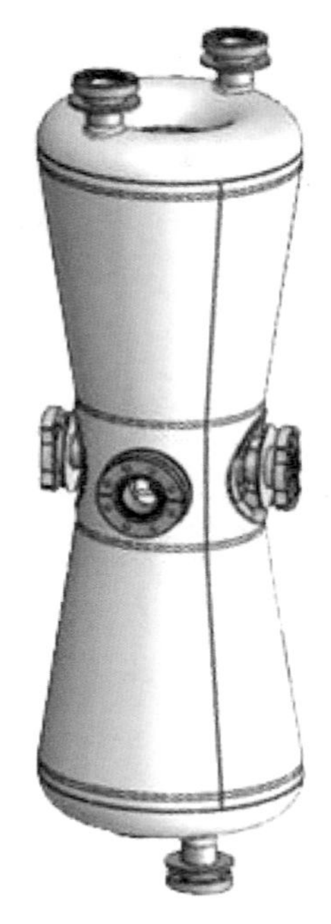
独立式加速腔

们之间的电子被加速，在2中通过时，2上的电压改变为负，电子在2、3之间通过时再次被加速，向下依次进行。应仔细选择管状电极的长度，使电子处于两电极之间时总是被加速的，这就是所谓的谐振条件。为了维持谐振条件，管状电极的长度会越来越长。当然增加高频电压的频率可以相应缩短漂移长度，进而缩短整个加速腔长度。上述谐振加速方式是驻波加速。还有行波加速的方法，即在圆柱行波导管内沿轴向周期性地设置带有中心孔的圆盘负载，以降低高频电场的传播速度，达到谐振加速的目的。

在直线加速器中，还发展出了使用一系列独立的谐振腔对质子和重离子进行加速的方法。依据加速用高频的频率不同，谐振腔的尺寸和结构有很大的差别。

按照被加速粒子的不同，可分为电子、质子和重离子直线加速器。电子直线加速器采用行波和驻波加速均可，各有优缺点。质子的静止质量是电子的1800多倍，在很大的速度范围内均可采用驻波加速，但在不同速度段采用不同的高频频率。重离子直线加速器与质子加速器基本相同，由于在相同动能时，速度更低，因此，所用工作频率会更低些。

随着超导技术和材料的发展，超导直线加速器也得到了发展，其特点是利用较小的高频功率建立更高的加速电场，可达到20MV/m以上。这样就可以减小设备规模和运行费用。2016年，近代物理所和高能物理所共同研制成功了25MeV强流超导质子直线加速器，质子束流强达到25MeV、10mA。

近代物理所的 25MeV 强流超导直线加速腔直线

东莞散裂中子源 80MeV 负氢直线加速器

欧洲国际自由电子 X 射线激光（XFEL）设备的 2.1 千米超导电子直线加速器

10.未来的加速器

传统加速器都是基于加速电场和磁场对带电离子（粒子）进行加速和约束。但是，当粒子能量非常高时，这类加速器的尺寸就会变得巨大。是否有新的办法使加速器既能够提供非常高能的离子束流，又具有很小的尺寸呢？

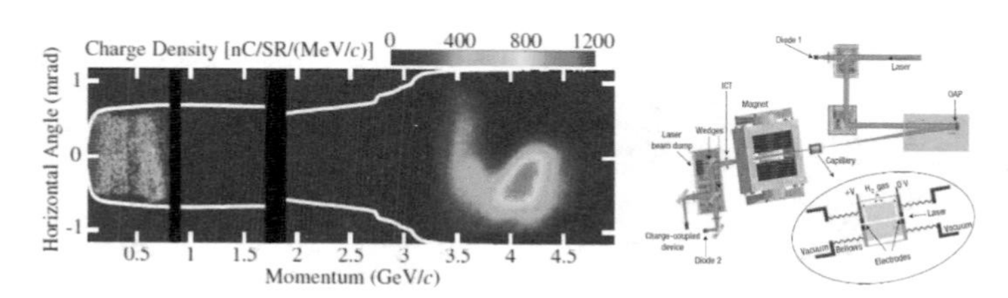

强激光将电子加速到 4.5GeV 及加速装置示意图

科学家在理论上预言，利用强激光直接轰击靶物质可以将电子加速到TeV量级，而且加速器的体积可以缩小到厘米尺寸。如果进一步提高激光的功率，则可将电子加速到PeV(1000GeV)的能量，这样，人们就可以进入一个新的研究时代——电弱时代（电磁相互作用和弱相互作用统一的时代）。

激光加速电子的机制已经比较清楚了，要提高激光加速电子的能量，关键在于技术。一方面进一步提高激光强度，另一方面技术途径有待进一步改进。最近几年，已经能够利用强激光将电子加速到9GeV。

目前，中国、美国和俄罗斯等国都在发展更高功率的激光器，为发展更高能量的激光等离子体加速器特别是基于TeV能量激光加速器的正负电子对撞机奠定基础。

强激光不仅可以加速电子，而且也可加速重的离子。目前，一般认为加速离子的机制有四种，即库仑爆炸加速、靶法线方向鞘层加速（TNSA）、辐射压加速（RPA）和磁涡旋加速（MVA）。但是，到目前为止，强激光加速的质子束流能量最高只有160MeV，碳离子能量最高也只有1GeV。强激光加速还需要进一步提高，特别是离子束的品质。

加速器技术在不断更新，每一种新技术和方法出现后，加速器提供的离子能量都会有进一步的提高和突破。但是一段时间后，又会被新的技术和方法所替代，将加速器束流能量推向更高的层次，为新的物理研究提供更好的条件。人类的认识能力不断在提高，更高能量的加速器会不断地出现。

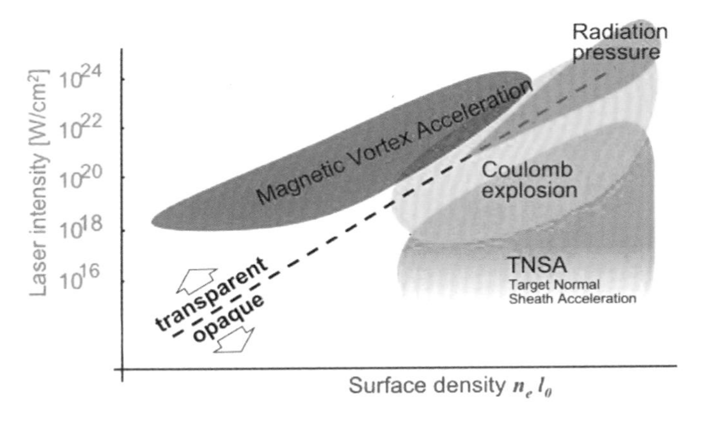

激光加速离子的机制

第四章

来自原子核的威力

第四章　来自原子核的威力

一、暴涨的能量

1.初识原子核的威力

对于很多人来说，看到“原子核”这几个字，首先想到的是原子弹爆炸时腾空而起的巨大蘑菇云。原子弹爆炸时在几十微秒的时间里释放出巨大的能量，在爆炸中心生成一个红色火球，其温度可达几千万摄氏度，压力高达几十亿个大气压。随着刺眼的光芒射向四方，火球急剧膨胀，裹挟着炙热的尘土和碎石，翻滚着升向高空，很快就展现出一朵巨大的蘑菇状烟云，彰显着它那巨大的威力。

2.巨大的能量是如何产生的

要回答这一问题，还需要翻阅19世纪30年代核物理的发展历史。1932年，英国物理学家詹姆斯·查德威克发现了中子。中子的发现不仅改变了人们对物质结构的认识，也为研究原子核提供了一个强有力的工具和手段，这是原子能研究的起点。1934年，意大利物理学家恩利克·费米利用中子轰击铀物质，希望合成更重的新元素，他根据观测到的实验结果认为合成了比92号元素铀重的93号元素。这一结果在科学界引起一场激烈而持久的争论。

1964年10月16日，中国首颗原子弹爆炸成功

詹姆斯·查德威克

恩利克·费米

奥托·哈恩

为进一步检验费米的实验结果，德国科学家奥托·哈恩和他的同事们在1938年重做了中子轰击铀的实验，研究确定了实验中观测到的“新元素”是质量较轻的钡（质子数为56）等元素。后来，奥地利女物理学家莉泽·迈特纳对此给出了合理的解释：铀核吸收一个中子后变得很不稳定，从而发生了分裂，变成了质量大致相等的两部分，同时在这个过程中还会释放出大量的能量和几个中子。就这样，铀的核裂变现象被发现了。

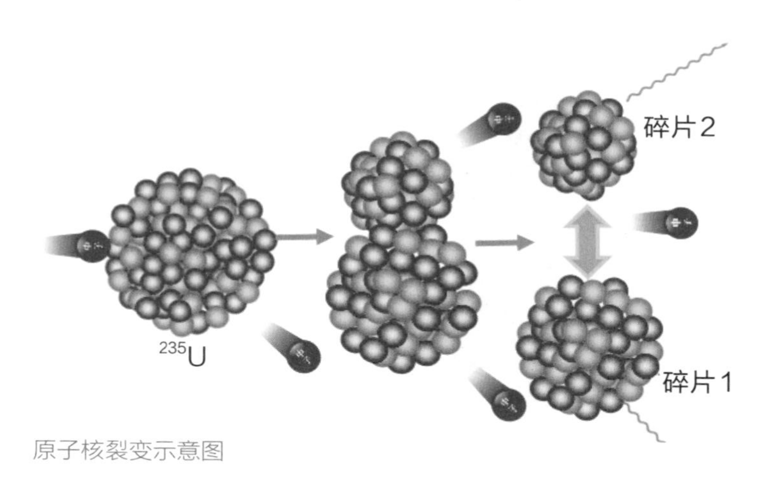

原子核裂变示意图

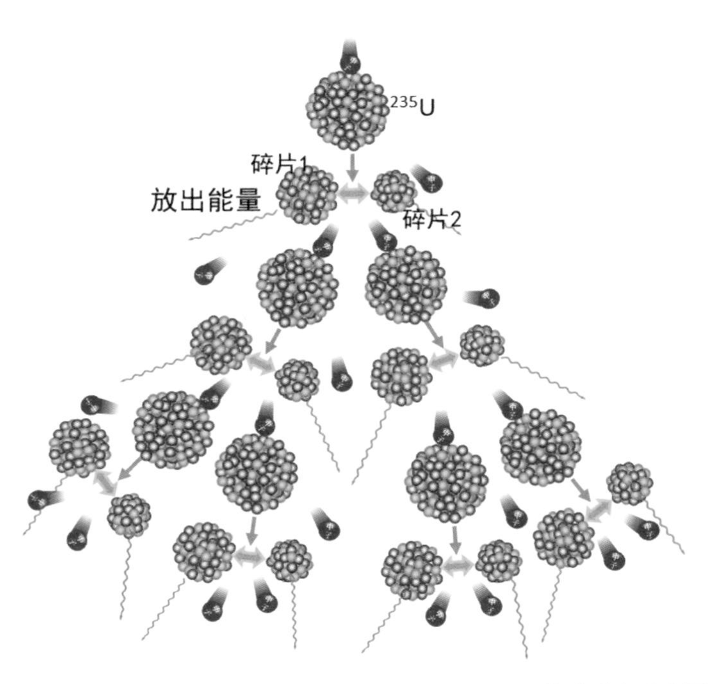

链式反应示意图

1933年，利奥·西拉德从质子轰击锂分裂为α粒子的实验结果中产生了链式反应的概念，并申请了专利。在铀裂变发现后他认为通过铀的裂变可以实现链式反应。他与费米合作，经过实验证明了他的设想。链式反应的过程是这样的：当一个中子轰击铀原子核时，铀核会发生裂变，生成裂变碎片、放出能量的同时，释放出2~4个中子。这些中子又会引起更多核的裂变并释放出更多的中子，从而引起更多的裂变反应……就这样，像滚雪球一样，越来越多的中子被释放出来，并引起越来越多的裂变反应。因此，参与裂变反应的原子核队伍急剧暴涨，并释放出强大的能量。这一链式反应，为原子核能量的利用提供了坚实的基础。

3.爱因斯坦的预言

为什么原子核的裂变会释放出巨大的能量呢？其实，阿尔伯特·爱因斯坦早在1905年就给出了答案。爱因斯坦在狭义相对论的研究中提出了“质能方程”的关系式：$E=mc^2$，其中m代表质量，c代表光速，E代表能量。质能方程建立了质量和能量之间的转换关系。而在经典物理学中，质量和能量是两个没有关联、相互独立的物理量。

可以说，当时爱因斯坦提出的质能方程与核裂变、原子能的释放没有什么关系，没有预言原子核的能量会以何种形式被释放出来，也没有预言原子弹会被制造出来。但30年后原子核裂变现象的发现证实了爱因斯坦的质能转换关系的正确性，也为原子核裂变能量的利用提供了坚实的理论基础，从理论上解释了原子核链式裂变反应为什么有如此巨大的威力。

根据科学家的研究发现，铀元素中容易发生裂变反应的是^{235}U

爱因斯坦与他的质能关系

核素。一个^{235}U原子核受中子轰击裂变后生成两个碎片并释放2～4个中子，裂变后总质量减少了约0.215u（原子质量单位，$1u=1.6610^{-27}$千克），不到裂变前质量的0.1%，这个减少的量称之为质量亏损。按爱因斯坦的质能方程，亏损的质量以能量的形式被释放出来，约200MeV。按此计算，1千克的^{235}U有大约2.6×10^{24}个^{235}U原子核，它们全部裂变所释放的能量和2万吨TNT炸药爆炸时释放的能量相当。由此可见原子核的能量是非常巨大的！

二、强大的电力源泉

1.世界第一座核反应堆

1942年12月，费米和他的团队为了验证链式反应，在美国芝加哥大学体育场看台下建成了世界上第一座人工“核反应堆”，称之为“芝加哥一号（CP-1）”。这座反应堆长约10米、宽9米、高6.5米，使用了52吨的天然金属铀和氧化铀，高纯度的石墨1000多吨，总重量约1400吨。控制棒是由包有镉金属皮的木棒做成的。随着控制棒的缓缓抽出，芝加哥一号第一次实现了自持铀核裂变链式反应！

尽管这座反应堆的输出功率仅有0.5瓦，但它的成功却具有划时代的重要意义，原子弹的研制和核能的和平利用都与它有着密切的联系。

第一座人工反应堆

1951,年美国建造的实验反应堆 EBR-I

2.世界第一座核电站

原子核裂变能量的使用有两种方式：一是瞬时不受控制地大量释放，这就是原子弹；二是在人们的控制下，慢慢释放并加以有效的利用，这就是核反应堆。核反应堆除了作为中子源和进行科学研究外，主要用来发电，就是大家常说的核电站。

1951年，美国首次在爱达荷州国家反应堆试验中心建成实验反应堆EBR-I。最初，这个反应堆生产出的电力只够点亮实验室的4个150瓦的灯泡，后来经过改进，最终发出了100千瓦的核能电力，为人类和平利用核能迈出了第一步。

1954年6月27日，苏联建成的奥布

奥布宁斯克核电站

宁斯克核电站投入运行，这标志着人类核电时代的到来。奥布宁斯克核电站使用浓缩铀为核燃料，输出电功率可达5000千瓦，是第一座通过常规输电网供电的核动力反应堆。奥布宁斯克核电站原计划于1984年退役，由于苏联的政治动荡和当地对于廉价电力的需求，奥布宁斯克核电站一直工作到2002年才正式停止工作，此时，它已经安全运行了近50年的时间。2004年，奥布宁斯克核电站正式变身为一座博物馆和科技馆，更名为“奥布宁斯克科学城”。

3.核电原理及现状

核电站在工作时，通过反应堆内装载的核燃料（到目前为止，都是利用^{235}U作为核燃料。另外，钍也是潜在的核燃料，它俘获一个中子并因此β衰变，成为易裂变的^{233}U，发生裂变释放出大量的核能，核能将通过流经反应堆的冷却剂（通常为水）带出反应堆，直接或间接产生水蒸气，水蒸气推动汽轮机带动发电机一起旋转，最终将核能转化为电器使用的电能。与燃烧煤炭的火力发电站相比，最根本的区别就是它们用来产生水蒸气的热能来源不同。火力发电厂的热能是燃料煤炭释放的化学能，而核电站的热能是原子核裂变释放的核能。

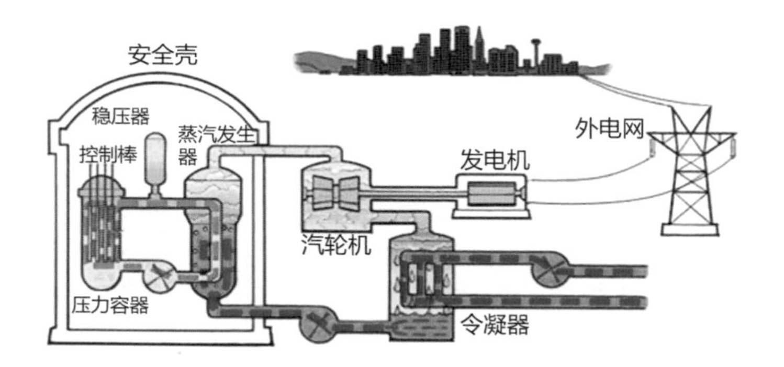

核电站工作原理示意图

核能是一种高效的清洁能源，它的大规模发展并替代化石能源可大幅度减轻温室气体排放对环境的压力。经计算可知，1千克^{235}U裂变释放的热量大约相当于27吨标准煤燃烧释放的热量。一个百万千瓦级的核电站每年需要核燃料约20吨（金属铀）。而一个同等规模的火电厂需要燃烧350万吨的煤炭，它的温室气体的排放是非常惊人！

国际原子能机构（IAEA）2019年9月的统计数据显示，目前全球正在运行的核电机组有450座，总发电能力约400 GWe。中国正在运行的核电机组有48座，总发电能力45.5GWe，在建核电机组9台，核电机组数量和发电能力均居于世界第三。2018年世界核电占总发电量的10.3%，中国的核电份额为4.2%。

4.核电站发展里程

核电站的关键部位是核反应堆。核反应堆结构复杂。随着反应堆设计的发展，自从20世纪50年代开始建成第一座核电站以来，核电站的发展经历了几个阶段：

第一代核电站大体上是在20世纪50年代至60年代中期建起来的，以实验堆为主，主要在于解决核电的关键技术问题。

第二代核电站是在20世纪60年代中期至90年代末建成的商业化核电站。主要包括几个主要的核电厂类型，根据冷却介质的不同分为压水堆核电厂、沸水堆核电厂、重水堆核电厂等。

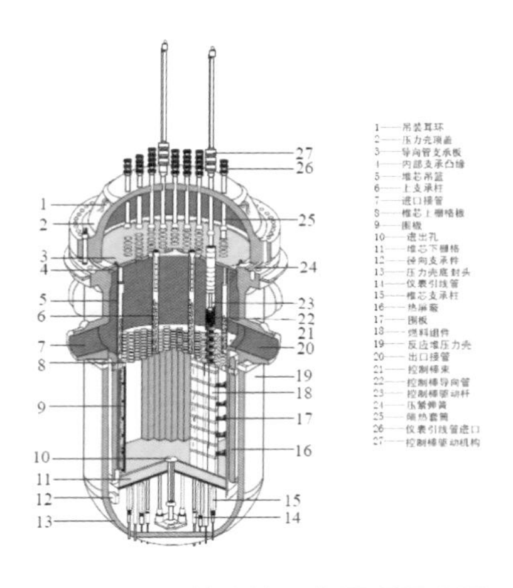

核电站工作原理示意图

秦山核电站

福清核电站（华龙1号）

第三代核电站是20世纪90年代开始建造直到今天。它进一步采用了新技术，以显著改善核反应堆的安全性和经济性。在国际上，目前已比较成熟的第三代核电压水堆有AP-1000、ERP和System80+三个型号(虽美国NRC已经批准System80+，但美国已放弃不用)。中国的三代核电技术主要分为CAP1400(国核技)、ACP1000(中核)、ACPR1000(中广核)三种。

第四代核反应堆正在研制，更注重安全性、经济性以及小型化和模块化。

5.核电可持续发展要解决的关键问题

核电站所用的核燃料是从天然铀矿石中提取出来的，像煤炭和石油一样，地球上铀资源也是有限的。中国潜在铀资源量超过200万吨，铀资源不是很丰富。随着中国核电总装机容量的继续增加，国内的铀资源是无法保障中国核电可持续发展的长远目标的，这将严重影响中国能源发展的战略布局。

要解决铀资源的稳定供应问题，除大力开发潜在的铀矿资源、积极开拓海外铀资源市场外，还必须通过发展先进的核能技术以提高铀资源利用率，实现有限铀资源的高效利用。

核燃料在反应堆中发生裂变核反应释放出核能用于发电时，会生成种类众多的裂变产物和钚、镎、镅等一些超铀核素。其中，

中国开采的第一块铀矿石

置于水池中的乏燃料

裂变产物大多是中子毒物，即它们只吸收中子而不放出能量，从而减少了中子数量，降低了其他^{235}U的裂变机会。当然，那些比铀重的元素，有的可以作为核燃料，如^{239}Pu，但其他一些则像^{238}U一样，在一般反应堆中不能作为核燃料，只是中子吸收剂。因此，当^{235}U浓度降低到一定程度后，其他废料太多时，核燃料就需卸出，成为乏燃料。此时，核燃料中的^{235}U只利用了大约50%，更多的^{238}U也没有得到利用。总的铀资源的利用率不到1%~2%，如果不对乏燃料进行循环再利用，将产生严重的浪费。另外，乏燃料具有很强的放射性，其潜在的危害性需经过几万甚至几十万年的衰变才能降到天然铀矿的水平。因此，乏燃料的安全处置将是影响中国核电可持续发展的关键问题之一。如何破解这一难题呢？

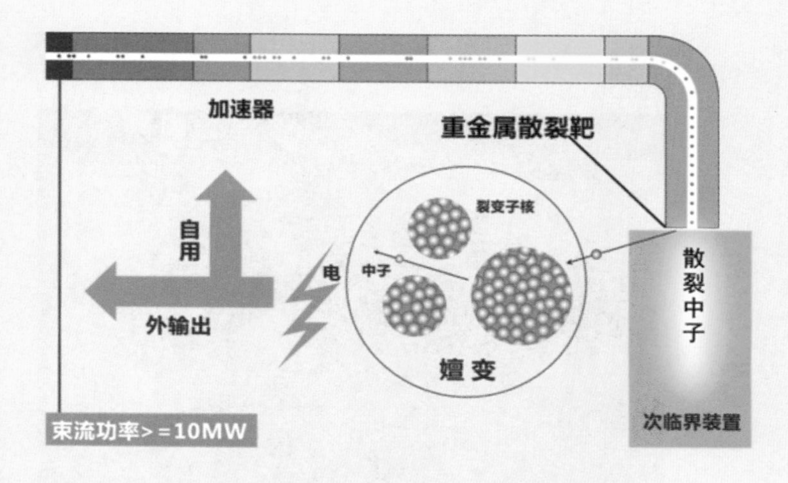

ADS 原理示意图

6.加速器驱动次临界系统（ADS）

经过科学家多年的探索和研究发现，加速器驱动次临界系统，简称ADS，是解决核电可持续发展面临的关键问题中最有效、最有前景的技术途径之一。ADS这一概念最早要追溯到19世纪40年代。美国科学家发现了超铀元素钚，如^{239}Pu，也是一种易裂变核素。为了得到这种天然矿石中没有的核素，科学家想利用加速器束流轰击铀材料来生产^{239}Pu，但由于经济性和可行性等原因，相关研究计划很快就终止了。具有现代意义的、旨在探索先进核能系统、提高核安全和解决核废料安全处置的ADS的概念最早是由布鲁克海文国家实验室在20世纪80年代的后期提出的。

ADS系统由强流质子加速器、重金属散裂靶和次临界反应堆三大分系统组成。其基本原理是：利用加速器产生的高能强流质子束轰击重的靶核，如铅，产生宽能谱、高通量散裂中子，并作为外中子源来驱动次临界堆芯中的裂变材料发生链式反应。平均而言，一个能量为1000MeV的质子轰击一个铅核，可将其击碎，同时可以产生20多个中子和许多碎片，这些中子被称为散裂中子。散裂中子和裂变产生的中子一起，除维持反应堆功率水平所需及各种吸收与泄露外，同时还可用于核素的嬗变或核燃料的增殖。嬗变在这里是指一个原子核（同位素）吸收一个中子，变为另外一个不同的原子核（同位素）。通过嬗变，可以将乏燃料中的长寿命裂变产物和超铀核素变成半衰期较短和毒性较小的核素，从而使乏燃料得到有效的处理。例如，^{99}Tc，它的半衰期大约是21万年，它吸收一个中子后就变成了半衰期只有16秒的^{100}Tc。还有^{237}Np，半衰期足足241万年，但是，它吸收一个中子后，就变成半衰期只有2天多的^{238}Np。此外，ADS还可以将不易裂变的^{238}U、^{232}Pu等核素变成可用于发电的易裂变核素（^{239}Pu和^{238}U），起到增殖的作用。

7.加速器驱动次临界研究装置（CiADS）

中国从20世纪90年代起开展ADS基础性研究。2011年中国科学院启动了ADS先导专项，由近代物理所联合多家科研单位协同开展ADS技术研发，着力解决ADS系统中的各单项关键技术问题，并发展ADS研究所需的基础平台。在此基础上，设计和建设“十二五”国家重大科技基础设施“加速器驱动嬗变研究装置”（简称CiADS），CiADS的建成和运行将有利于从整机集成的层面上掌握ADS各项重大关键技术及系统集成和调试经验，为ADS的商业化应用奠定基础。目前，CiADS的初步设计工作已基本完成，在广东省惠州市的场址前期工作已启动。

CiADS 研究装置效果图

8.加速器驱动先进核能系统（ADANES）

随着科研人员对ADS系统在核燃料增殖和产能方面巨大潜力的认识、理解不断深入，ADS研究团队创造性地提出了“加速器驱动先进核能系统”（简称 ADANES）的全新概念和研究方案。ADANES系统主要包括两大核心部分：一是ADANES燃烧器，即ADS系统，利用加速器产生的高能离子轰击散裂靶产生的高通量、硬能谱中子驱动次临界堆芯运行；二是面向ADANES燃烧器的乏燃料再生循环系统（简称ADRUF），主要包括乏燃料后处理和嬗变元件的制造等环节，通过先进的后处理技术，最大限度地回收利用铀资源。ADANES是集核废料的嬗变、核燃料的增殖、核能发电于一体的先进核燃料闭式循环技术，使裂变核能成为可持续数千年以上的安全、清洁的战略能源。目前正积极推动研发进程，相关的技术验证、台架试验和原型样机研制等工作正全面有序地开展。

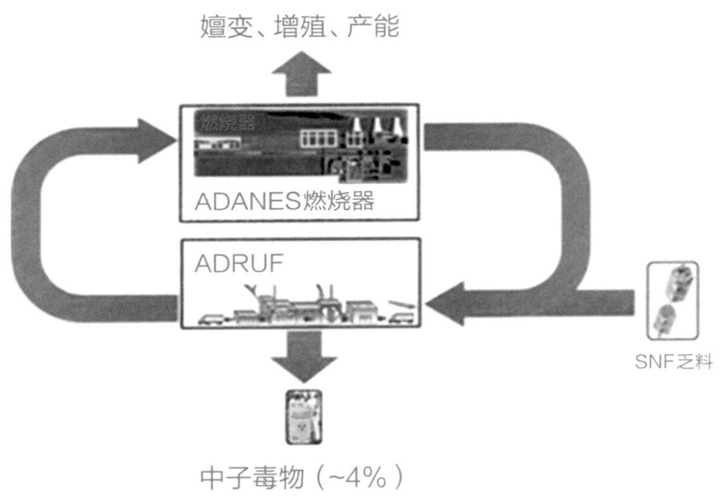

ADANES 示意图

三、未来能源的希望

1.核聚变 —— 地球万物的生命之源

俗话说，万物生长靠太阳。就是靠太阳发出的光和热。太阳的光和热又是从何而来呢？这就是在人类发现原子核裂变的同一时期，科学家也逐渐认识到巨大核能释放的另外一种形式 —— 核聚变。核聚变是两个轻原子核发生反应，生成一个较重的原子核，如氢的同位素氘和氚在非常高的温度和压力条件下能发生聚变反应，并释放能量。1929年，弗里德里希·豪特曼斯和罗伯特·阿特金森两位科学家提出，在恒星内部高温环境下存在着一种通过元素核燃烧形式的能量释放过

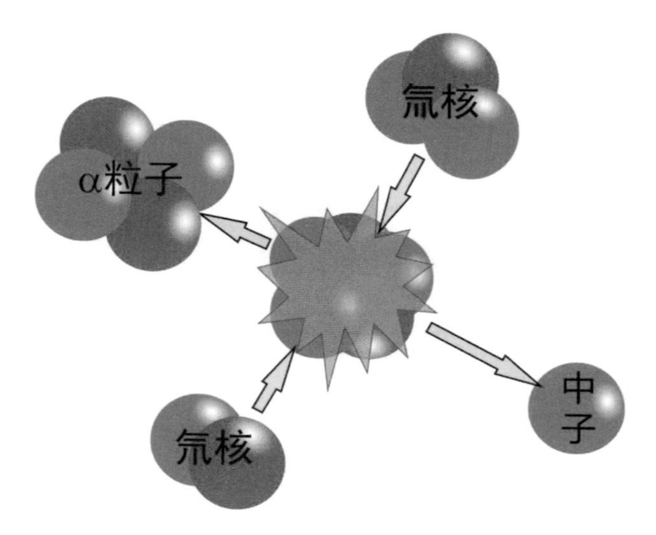

氘和氚发生聚变反应示意图

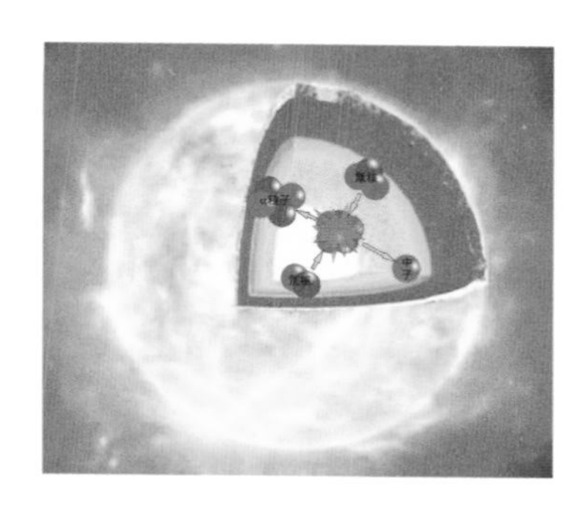

太阳的能量来源—聚变

程。根据理论推测，在燃烧过程中氢核在几千万度高温下转化为氦核，同时释放巨大的能量。每天东升西落的太阳就是一座巨大的核聚变“反应堆”，在太阳的中心温度高达15×10^{6}K，压力有几千亿个大气压。在这里，氢原子核聚变生成氦原子核并释放大量能量，正是由于太阳内部的核聚变反应，它才能向太阳系不断传送光和热，是地球上一切生物的生命之源。至今，太阳上的聚变反应已经持续了50多亿年了。

在美国实施“曼哈顿工程”研制原子弹的时候，也同步探索了利用核聚变反应制造核武器的尝试。同等质量下，氘和氚聚变反应释放的能量是^{235}U裂变反应放出能量的4倍，因此利用聚变反应制造的核武器会具有更大的威力。但氘氚的聚变反应必须在上亿摄氏度以上的高温和上亿个大气压的高压下才可能发生。原子弹的研制成功让人们想到利用原子弹爆炸瞬间产生的高温、高压来实现氘氚聚变反应，引爆氢弹（也称热核弹）。

1951年，原子弹成功爆炸7年后，美国试爆了人类第一颗氢弹。1967年，中国的第一颗氢弹爆炸成功，其威力相当于投放到日本广岛的那颗原子弹的150多倍。

2.可控核聚变的探索之路

相比较其他可利用的能源，聚变能有着明显的优势：一是用于氘氚核聚变的原材料极为丰富，海水中含有大量的氘核素，用于产生氚的锂在自然界也很丰富，这足以供人类永久使用，可以说它是永不枯竭的能源。二是聚变反应生成的产物主要是氦，不像裂变反应堆那样产生种类众多的长寿命、强放射性物质，所以它具有安全性和环境友好的特点。因此，科学家一开始就在努力探索可以控制核聚变并利用聚变能造福人类的途径。

核聚变需要近亿摄氏度的高温条件，在这样高的温度下，物质会变成一种叫作等离子体的形态。这样，找到一个能盛放高温等离子体的容器就成为可控核聚变要解决的基本技术问题。另外，为了让氘氚充分并持续地反应，需要将等离子体长时间地约束起来，这也是一个非常困难和棘手的难题。

中国第一颗氢弹爆炸

为了解决可控核聚变的技术难题，美国、欧盟、日本等国家和地区先后建造了多种类型的磁约束聚变装置，如托卡马克、磁镜、仿星器、箍缩类装置等，开展了大量的高温等离子体基础性问题的研究。由于托卡马克装置具有位形的对称性和良好的约束性能，受到国际聚变界的重点关注，很多国家投入大量经费，着手大、中型托卡马克的建造。中国从20世纪90 年代开始实施大、中型托卡马克发展计划。2006年，"全超导托卡马克核聚变实验装置"（简称EAST）实现了第一次"点火"。随后，EAST等实验装置仍然不断在等离子体的参数（如温度、密度、持续放电时间）上取得突破，已成为国际上同类装置优先参考的样板。2017年7月，EAST在全球首次实现稳定的101.2秒稳态长脉冲高约束模式等离子体运行，创造了世界纪录，为和平利用核聚变清洁能源奠定了重要的技术基础。

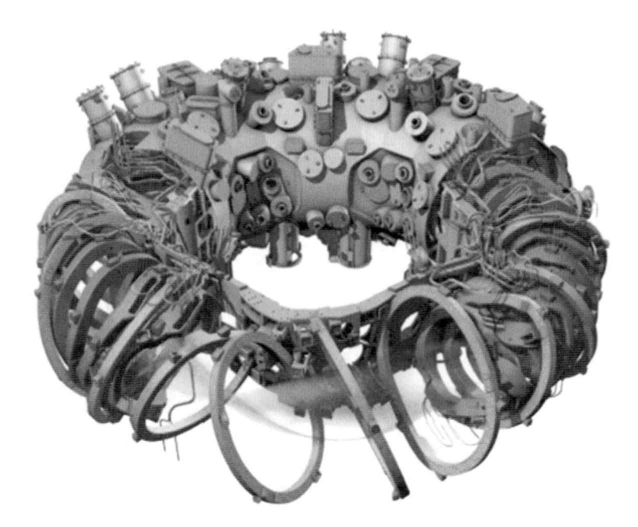

德国 WX-7 仿星器

全超导托卡马克核聚变实验装置（EAST）

3.核聚变能的和平利用之路

人类对可控核聚变的研究和探索已历经数十年，虽然取得了一定的成果，但距离真正实现核聚变能的利用还很遥远。在研究中，科学家逐步认识到可控核聚变的研究需要更多人力和物力的投入，全球范围内的广泛合作更有利于促进核聚变的研究。国际上关于聚变反应堆技术的研究主要是围绕国际热核实验堆(ITER)计划开展的。ITER旨在证明核聚变能在工程和经济上的可行性，以解决人类未来能源问题。ITER计划倡议于1985年，经过13年努力，耗资15亿美元，在集成世界聚变研究主要成果基础上，ITER工程设计于2001年完成。2006年，ITER计划中的7个合作方正式签署联合实施协定，启动实施ITER计划。ITER计划将历时35年，其中建造阶段10年，运行和开发利用阶段20年，去活化阶段5年。2017年，ITER计划总负责人表示ITER项目已经完成了一半，有望在2025年实现第一束等离子体。ITER建成后目标是实现400MW～500MW的聚变功率，并能够使核聚变反应持续500秒以上。由此可见，可控核聚变技术的研发仍处于基础性研究阶段，距离长时间持续可控的工程示范阶段还有很大的差距，还有着很多未知的难题需要发现和解决。凭借出众的技术成就，中国科学家正在国际热核聚变实验堆（ITER）计划中发挥重要作用。

国际热核聚变实验反应堆（ITER）模型

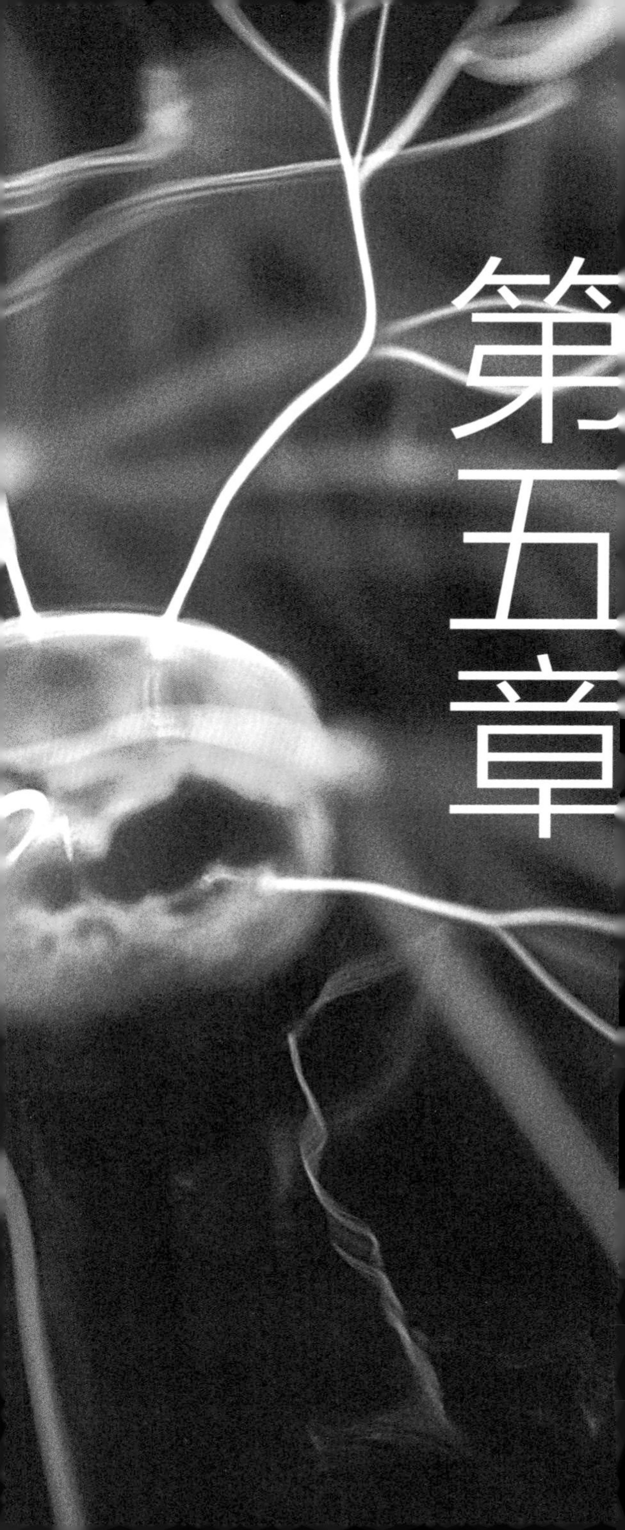
第五章

战斗在各个战场上的原子核及射线

第五章　战斗在各个战场上的原子核及射线

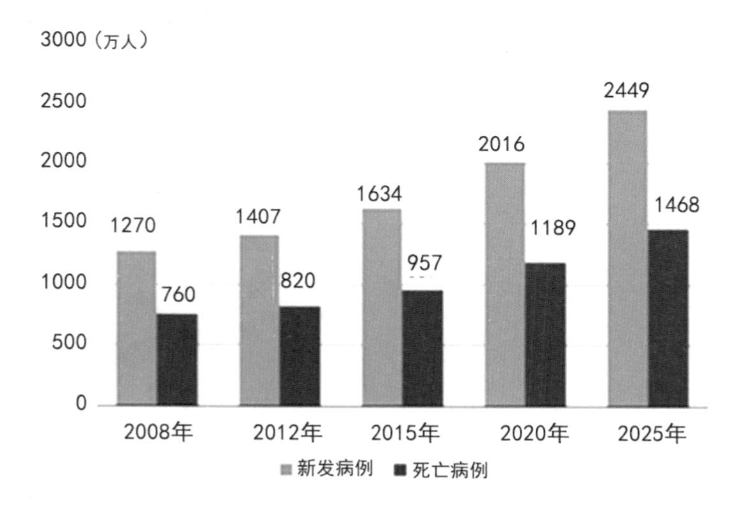

全球肿瘤新发和死亡人数统计与预测（单位：万人）

一、癌症克星

癌症是一种当前多发的疾病，据世界卫生组织2015年报告，2014年世界上每年新增癌症患者就达到了1400多万，还不包括皮肤癌和黑色素瘤。在中国，2016年就新增癌症患者430多万，而且癌症的死亡人数也达到280多万。这不仅给患者带来了巨大的身体上和精神上的痛苦，也给患者的家庭造成了沉重的经济负担。同时，癌症也给社会带来了很大的损失。因此，对癌症的预防和治疗是社会广泛关注的问题。

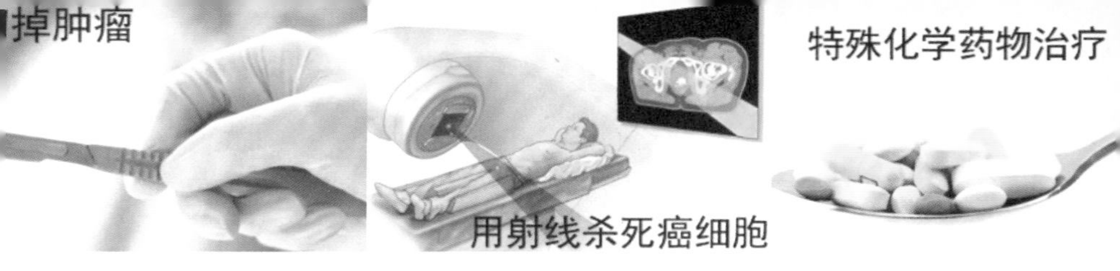

治疗癌肿的几种主要方法

1.放射治疗简史

人们与恶性肿瘤进行了长期的斗争，积累了多种治疗肿瘤的方法。目前，针对癌症的治疗手段有手术、化学药物治疗、放射治疗、靶向治疗、免疫疗法以及中医治疗，还可利用几种治疗方法联合治疗。放射治疗就是使用高能X射线、γ射线、中子以及带电离子（包括重离子）对肿瘤的治疗。放射治疗的基本原理就是利用上述射线照射肿瘤，产生许多次级电子和一些自由基（共价键断裂后，形成的外围拥有不成对电子的原子、分子和基团），这些次级电子再轰击肿瘤细胞的DNA，使其发生双链（或单链）断裂后不能修复，从而导致癌细胞凋亡或死亡。

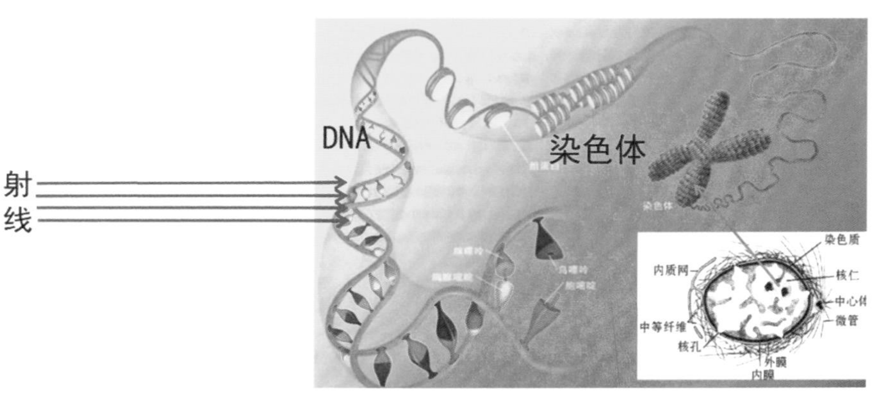

射线杀死癌症细胞的原理

原子、离子和重离子示意图

2.重离子束的优势

什么是重离子呢？原子都是由原子核和等于核内质子数的核外电子组成，不带电。如果原子失去（获得）了一个或多个电子，就成为带正（负）电荷的离子。重离子是比氦离子重的离子，放疗中使用的重离子都是带正电荷的。

（1）重离子的物理特性

那么，与不带电的射线相比，重离子有哪些优点呢？

首先，重离子是质量很大的带电离子，它在物质中穿行时可以撞出很多能量很高的电子，而常规射线（X射线和γ射线）只能撞出很少的低能电子。有一定能量的电子与DNA分子碰撞会导致其单、双链断裂。电子与别的分子，如水分子的碰撞会导致其电离，从而产生自由基，这也是导致DNA双链断裂的因素。实验证明，适当能量的重离子照射细胞时不仅能使许多细胞内的DNA双键断裂，而且还能够在同一个DNA上产生多处双链断裂。X射线或者γ射线照射时多数是导致DNA的单链断裂，产生双链断裂的概率只是单键断裂的百分之几，且这些断裂数

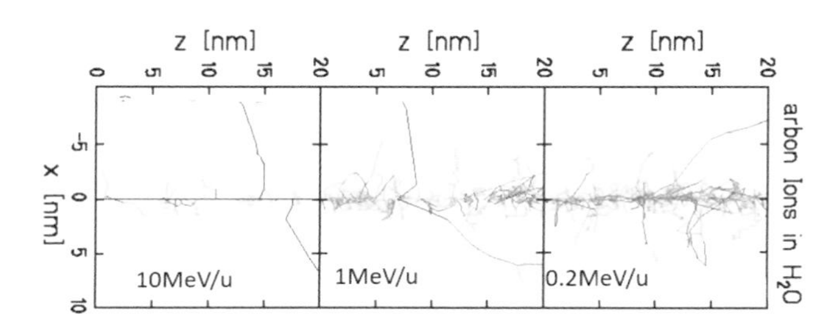

碳离子在水中穿行时产生的次级电子径迹

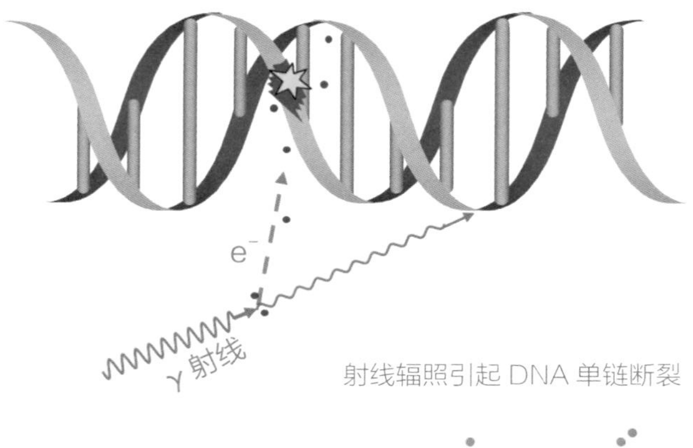

射线辐照引起 DNA 单链断裂

离子辐照引起的 DNA 双链断裂

还随着X射线能量的升高而降低。例如，每个核子2MeV的碳离子穿过细胞DNA时产生的双链断裂数约是18MeV X射线的近百倍。单链断裂几乎都是可以修复的，双键断裂的修复概率则很小，特别是要同时修复多处双键断裂，可以说是不可能的。DNA双键断裂不能修复的结果就是导致细胞的凋亡或死亡。

第二，较高能量的重离子在物质中穿行时，主要是通过与电子的碰撞损失其能量，最后停止下来。能量高时与电子碰撞的概率小，单位路程上损失能量少。在能量低时，单位路程上损失能量多，从而会电离出更多的电子。这种性质使得它在其射程末端附近沉积在物质（肿瘤）中的能量要比它高速穿行时大得多，形成了一个明显的能量（剂量）沉积峰——布拉格峰。而X射线则相反，其剂量沉积随入射深度增加而快速降低。因此，

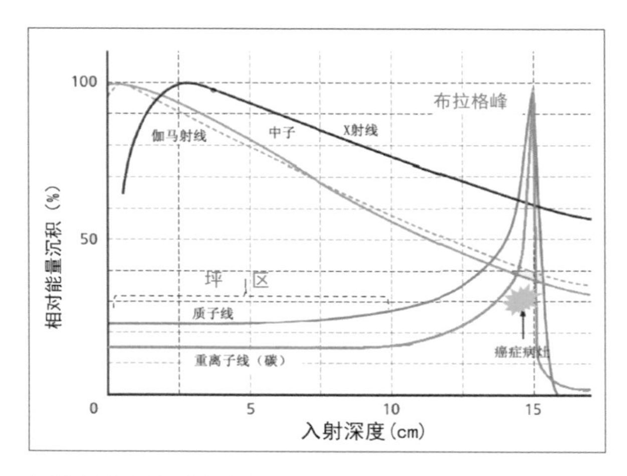

各种射线在物质中穿行路径上的能量沉积分布

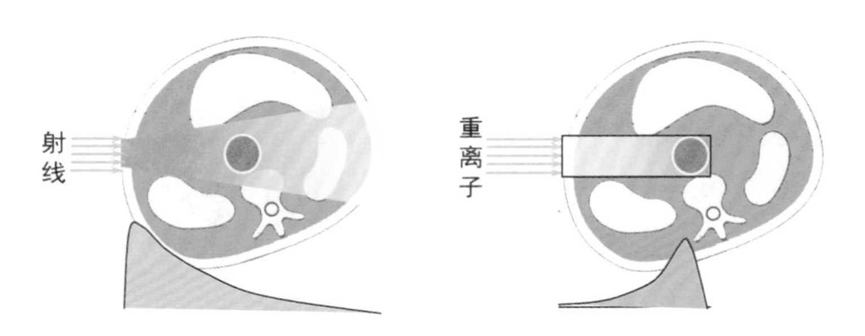

重离子和射线在物质中穿行时的发散程度及粒子数量变化的比较

利用X射线照射深部肿瘤时，要使肿瘤受到足以致死的剂量，那么表层所受剂量早已超过限度，从而使肿瘤前面的部位受到严重损伤。即使是利用伽马刀技术，也不可能减少肿瘤以外的健康组织所受的总剂量，只是将其分散到不同的部位而已。

第三，一定能量的重离子，包括质子都有确定的射程，且横向离散度很小。例如初始能量每个核子300MeV的碳离子在人体中的射程大约为15厘米。这使得能够根据肿瘤在人体中的深度选择离子的初始能量，以便将布拉格峰的位置恰好落在肿瘤部位。而X射线和γ射线在穿过物质时，随着深度的增加，强度只会以指数形式迅速减少，且离散度很大。

第四，重离子带电。因此，可以利用磁场和电场很好地控制重离子束的方向和聚焦。这使得重离子束的照射界限非常清晰明确，被照射肿瘤周围的健康组织受到更少的辐照剂量，为精确治疗的实施提供了便利条件。

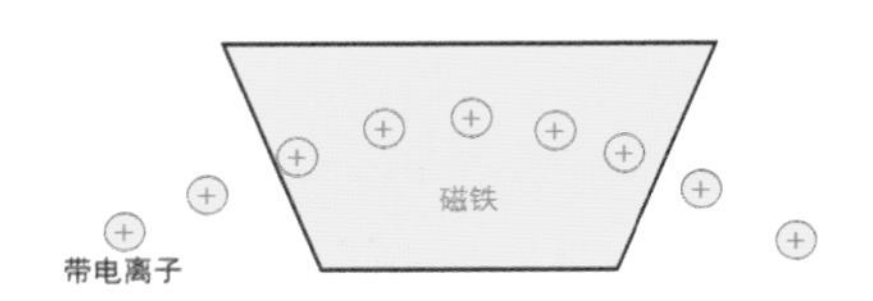

离子在磁场中可以改变方向

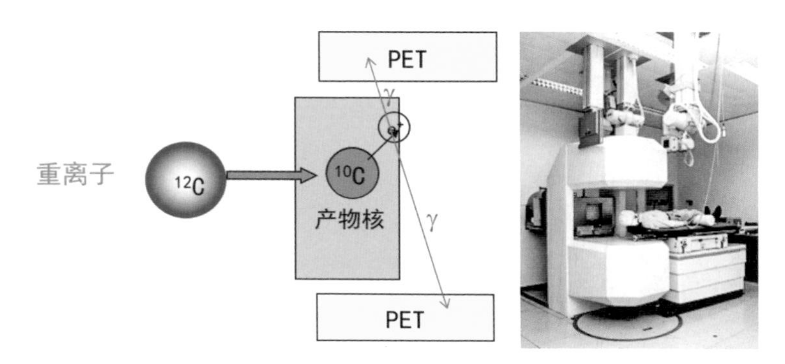

重离子与原子核碰撞产生的少量放射性核可用于离子停止位置监测

（2）重离子的生物学特性

首先，重离子布拉格峰附近的生物学效应大。所谓生物学效应是指与X射线相比而得到的一个指标：同样杀死50%的细胞，利用X射线照射时所需剂量与利用重离子照射所需剂量之比。实验证明，碳离子的生物学效应在2.5～3以上。这意味着同样杀死50%的细胞，所需重离子的剂量只是X射线剂量的1/3左右。但是，重离子布拉格峰前的区域（坪区）的生物学效应则接近1。

其次，重离子照射肿瘤细胞时的氧增比小。氧增比是指在有氧情况和无氧情况下达到相同生物学效应所需剂量之比。有的癌细胞里面含氧量少，即厌氧的，它对X射线不敏感，难以杀死。但是重离子对这类癌细胞的致死率相比其他癌细胞，没有明显的差别，即对有氧及厌氧的肿瘤细胞有相同的杀伤作用。

再者，处于不同发育周期时相的细胞（细胞分裂有四个时相）对重离子照射的敏感性在布拉格峰附近没有多大差别。只是在剂量沉积曲线的坪区稍有差别。

还有一点也是非常重要的，实验证明布拉格峰位置附近重离子所造成的DNA双链断裂不容易修复，而X射线所造成的DNA双链断裂随X射线路径的增加其修复效应呈现增加趋势。

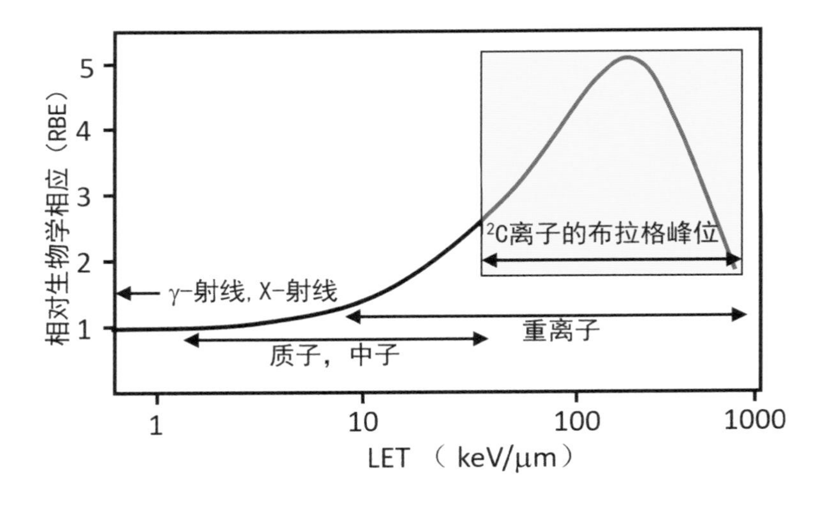

各种离子的生物学效应的比较

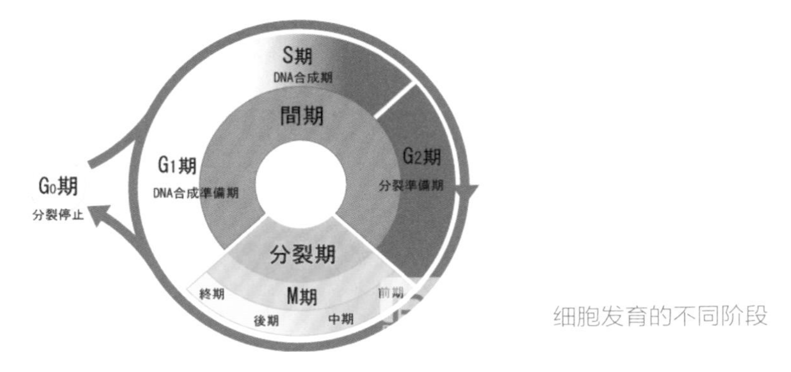

细胞发育的不同阶段

为什么在诸多重离子中选用碳离子治疗肿瘤呢？原因很简单，碳是人体中大量存在的元素；碳离子的布拉格峰与坪区的沉积能量比足够高；高能碳离子在人体中穿行时，产生的其他较轻的原子核较少，使得在其射程之外的沉积剂量较少；碳离子产生的极少量正电子放射性核（^{10}C，^{9}C）可以用来监测其在布拉格峰的位置。

总之，重离子的这些物理特性和生物学特性，使得利用重离子治疗肿瘤比利用X射线有明显的优越性：治疗精确度高，治疗时间短，治疗效果好，副作用小，适用范围广。因此，在世界范围内都受到广泛地重视。

重离子束对一些难治癌症的预期疗效

癌症类别	临床特点	常规疗法缺点	重离子预期疗效
胰腺癌	发现晚	给足剂量困难	周围脏器损伤小，可局部治愈
脑瘤	必须保护正常组织	给足剂量困难	脑损伤减小，局部治愈率提高
头颈部癌	必须保护功能	存在放射损伤	损伤降到10%以下
食道癌	发现晚	给足剂量困难	损伤显著减小，治愈率提高
软骨组织肉瘤	对射线不敏感	放射损伤严重	损伤减小，不需截肢
子宫颈癌	放疗适应征	治愈率较高，损伤也大	治愈率更高，损伤减小
垂体瘤	不转移	60%病例疗效好	最有效疗法
前列腺癌	多为局限性癌	40%病例治疗不需手术	完全不需要手术治疗
膀胱癌	保持功能最重要	手术治疗损伤功能	可局部控制，保持功能

（续）

癌症类别	临床特点	常规疗法缺点	重离子预期疗效
直肠癌	保持功能最重要	损伤膀胱功能	提高治愈率，保持功能
肺癌	患者增多趋势	对晚期仅进行对症放疗	有望提高早期肺癌治愈率并保持功能
肝癌	患者增多趋势	有手术得救病例	保持功能比手术更好

早在1975年，美国伯克利实验室就开始重离子治疗肿瘤的基础研究，并开创了重离子治疗肿瘤的先例。1994年，日本国立放射科学研究所（NIRS）建成了医用重离子加速器（HIMAC），开始正式利用碳离子进行重离子治疗肿瘤，至2016年，治疗的患者超过9000名。1997年，德国GSI也开展了碳离子束治疗肿瘤的基础和新技术研究，并设计实施了点扫描的束流提交系统，进一步提高了重离子治疗肿瘤的精确度。现在世界上已建成投入使用的利用碳离子治疗肿瘤的医院有10家，还有好几家治疗设施正在建设之中。近代物理所从2006年起，也开展了碳离子治疗癌肿的实验研究，共计治疗213例肿瘤患者，并且取得了很好的效果。最近在甘肃省武威市建造的重离子治疗装置已经获得国家药监局的批准，可以进行癌肿治疗。

世界上现有开展重离子治疗的医院

国家/地区	中心名称	类型	起时
德国海德堡	德国海德堡重离子与质子治疗中心	质子、碳离子	2012
德国马尔堡	马尔堡重离子治疗中心	碳离子	2015
意大利帕维亚	意大利CNAO质子重离子治疗中心	质子、碳离子	2012

（续）

国家/地区	中心名称	类型	起时
日本千叶	放射线医学综合研究所	碳离子	1994
日本兵库县	兵库县县立粒子先治疗中心	质子、碳离子	2002
日本群马县	群马大学重粒子线医学中心	碳离子	2010
日本鸟栖市	九州国际重粒子线治疗中心	碳离子	2013
日本横滨市	神奈川i-ROCK重离子癌症中心	碳离子	2015
中国甘肃	中国科学院近代物理研究所	碳离子	2006
中国甘肃	武威市重离子治疗医院	碳离子	2019
中国上海	上海质子重离子医院	质子、碳离子	2015

3.离子束适形照射治疗和精确扫描治疗方法

如何利用重离子治疗肿瘤呢？碳离子在人体中的射程由其初始能量和它在人体中穿行路径上的组织结构所决定。医生根据肿瘤的部位、大小、形状和肿瘤性质制定治疗计划，即如何实施重离子治疗，包括碳离子初始能量、照射剂量、照射次数等。然后，按计划付诸实施。一般有两种方法对肿瘤进行照射，一是适形照射方法，另一种是精确扫描照射方法。

适形照射方法就是根据肿瘤的大小和形状，将确定能量（根据肿瘤最深处的位置确定）的碳离子束流通过散射系统扩大束流面积，再通过搓板形状的降能器使束流的能量产生分散，形成一个宽度与肿瘤的前后厚度大致相同的宽布拉格峰。再根据肿瘤的位置和最大面积适当调节碳离子射程和限制束流面积，还要依据肿瘤前后厚度的变化进行必要的剂量补偿（调强）。

要实现精确扫描照射，加速器要提供较好品质的线状束流，束流斑点的直径

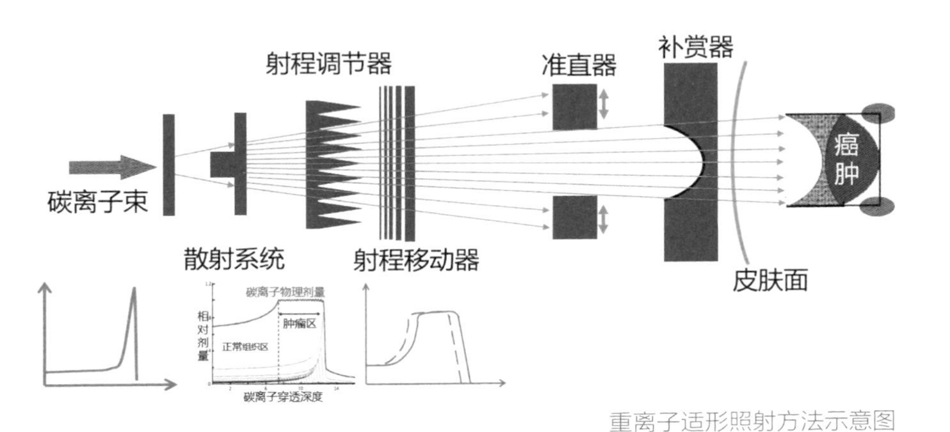

重离子适形照射方法示意图

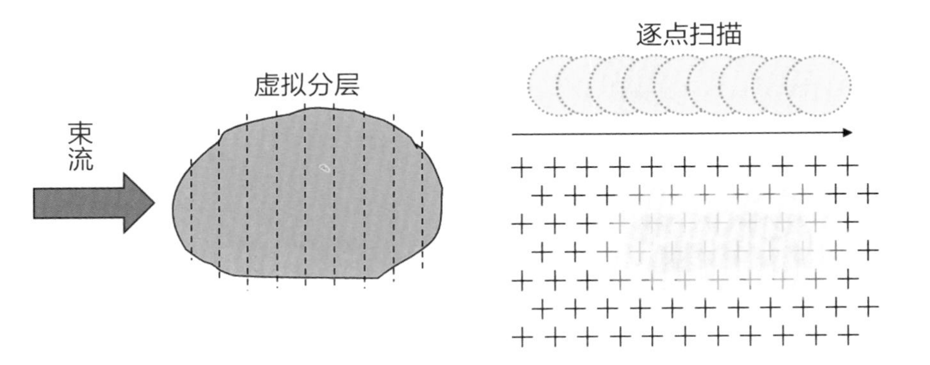

重离子精确照射方法示意图

约1毫米。根据治疗计划将肿瘤由浅至深虚拟地分割成许多片，每一片对应一个束流能量，每片的厚度接近1厘米。利用磁铁控制束流，依次按照每片的形状进行逐点扫描，且保证剂量的均匀性，直到整个肿瘤扫完为止。

无论用哪种方法进行治疗，都避免不了体内肿瘤的位置随着患者的呼吸而发生变化的情况，这不仅影响治疗精度，也会对肿瘤近旁的组织或器官造成损伤。为了解决这一问题，希望在治疗中引入门控技术，即对呼吸进行补偿的控制方法，呼吸门控就是其中之一。简单地讲，呼吸门控就是根据患者每个呼吸周期中内部肿瘤位置变化的规律，控制每一次呼吸的相同时相（相同的呼吸时间点和深度点）进行束流照射治疗。问题在于每次呼吸的时间、深浅不同，内部肿瘤位置的变化也不同，这使得门控技术的应用变得比较困难。因此，需要预先对患者进行呼吸训练，使其尽量做到每次呼吸的深度和长短都比较均匀，这样才能较准确地确定每次呼吸过程中不同时相所对应的肿瘤位置。最近，近代物理所开发

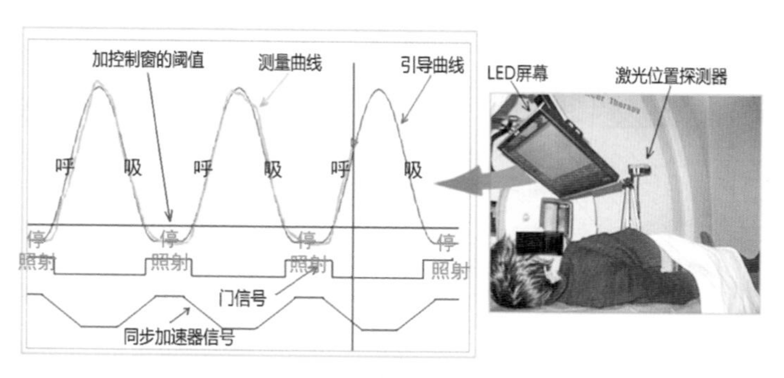

重离子治疗中的呼吸门控方法示意图

了生物视听反馈患者呼吸引导技术（机器给出呼吸的口令和图形），这能够使患者的呼吸周期与同步加速器提供脉冲束流的周期同步，同时也使门控窗口内的肿瘤残余运动大量减少，从而提高了离子束治疗的效率。

为了进一步减少碳离子治疗对肿瘤周围健康组织和器官的损伤，也有利用与伽马刀类似的可转动的束流扫描照射方法，德国建造了称为GANTRY的旋转磁铁系统，用来旋转束流。

（1）重离子适于治疗哪些肿瘤

前面讲过，重离子的氧增比小，对各发育时相的细胞都有同样的效果。因此，原则上各种肿瘤都可以利用重离子进行治疗，特别是那些对常规射线具有辐射抗性的肿瘤，例如黑色素瘤、复发性直肠癌等都具有很好的疗效。由于利用重离子可以实现精确治疗，所以更适合用来治疗人体关键部位和敏感部位的肿瘤，例如头颈部肿瘤等。在已经治疗过的15 000多个病例中，包括了脑瘤、颅底瘤、头颈部肿瘤、眼瘤、食管癌、肺癌、肝癌、胰腺癌、前列腺癌、直肠癌、骨和软组织肿瘤、乳腺癌、宫颈癌等。

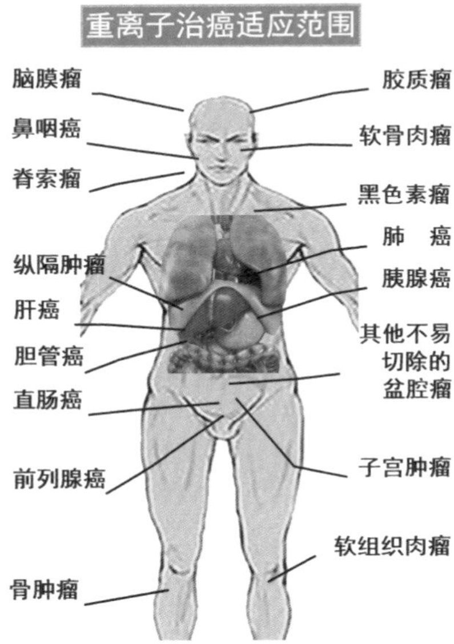

重离子治癌适应范围
脑膜瘤
胶质瘤
鼻咽癌
软骨肉瘤
脊索瘤
黑色素瘤
肺 癌
纵隔肿瘤
胰腺癌
肝癌
其他不易切除的盆腔瘤
胆管癌
直肠癌
子宫肿瘤
前列腺癌
软组织肉瘤
骨肿瘤

重离子治疗肿瘤的适应症

（2）治疗效果

据不完全统计，目前全世界总共有15 000多例肿瘤患者接受过碳离子束治疗。那么，治疗效果如何呢？据日本NIRS报道，前列腺癌治疗后5年生存率为96.7%，脊索瘤的5年生存率接近100%，软组织骨瘤的5年生存率为85%以上，肺癌的5年生存率为56%，肝癌的3年生存率为56%，黑色素瘤的5年生存率为52%，头颈部癌为主的非鳞状细胞癌的5年生存率为47%。相对于X射线或γ射线治疗而言，重离子治疗不仅具有很好的疗效，还能为患者维持较高的生活质量，帮助患者尽早回归社会，因而得到社会越来越广泛的认可。

碳离子束治疗效果

肿瘤名称		治疗数目	占比（%）	5年控制率（%）	5年生存率（%）
前列腺癌		2000	~25	96.9	92.8
非鳞状细胞癌（头颈部癌为主）	跟踪240位	~1000	~11	68	47
	黏膜恶性黑色素瘤			75	35
	腺样囊性癌			73	68
	恶性腺癌			24	36
	恶性肿瘤			61	31
	乳突恶性肿瘤			61	17
黑色素瘤		跟踪109位	5	78~82	52
软组织骨瘤		~1000	11	86 100($<100\text{cm}^3$)	85

（续）

肿瘤名称		治疗数目	占比（%）	5年控制率（%）	5年生存率（%）
肺瘤		~1000	11	80~86	56
肝癌		~900	10	83(3年)	71（3年）

4.重离子治疗的现状及其未来

由近代物理所设计、建造的甘肃武威重离子治疗中心为例，重离子治疗装置包括加速器部分（离子源+回旋加速器+同步加速器）、束流提交系统（束流管道和扫描磁铁及其控制系统）和四个治疗终端。

甘肃武威重离子治疗中心同步加速器周长仅为56.17米，是世界上最小的重离子治疗专用同步加速器（日本的同步加速器63米，德国的同步加速器72米）。这是中国第一台拥有自主知识产权的医用重离子加速器，拥有相关专利60余项。加速器提供的每个核子400MeV的碳离子在人体中的最大射程达到27厘米，这可以满足体内任何部位的肿瘤治疗所需。射程步长的调节精度为2毫米，在200毫米×200毫米的照射野内的剂量均匀度达到95%以上。水平、垂直治疗终端各1个，45°治疗终端1个，水平与垂直联合治疗终端1个，可以实现主动扫描和被动扫描的治疗模式。

甘肃武威重离子治疗中心的装置于2015年安装调试完毕，当年12月提供束流。作为国产的第一套大型医疗设备，国家药监局给予极大重视，委托北京医疗器械检验所对设备各部分的电磁兼容性、电气安全、性能和软件等进行全面细致的检测，2019年10月通过了国家药监局的验收。

为了更好地发挥重离子治癌的作

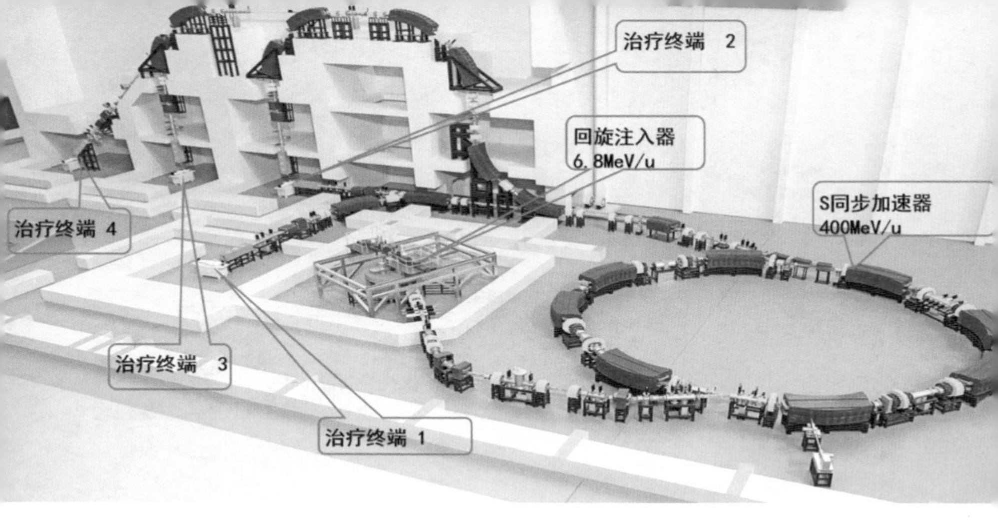

武威重离子治疗肿瘤装置模型

用，国内外科研人员还在对它做进一步的优化：使其更加小型化（计划将占地面积从现在的40米×60米，缩小到20米×10米）；可转动的束流扫描系统（Gantry）超导化，以减小设备的体积；提供更高的剂量率和束流利用效率；发展图像引导的快速自动摆位系统，缩短患者的摆位时间；运用新技术提高运动靶区的治疗精

离子治疗装置的可转动束流扫描系统（Gantry）

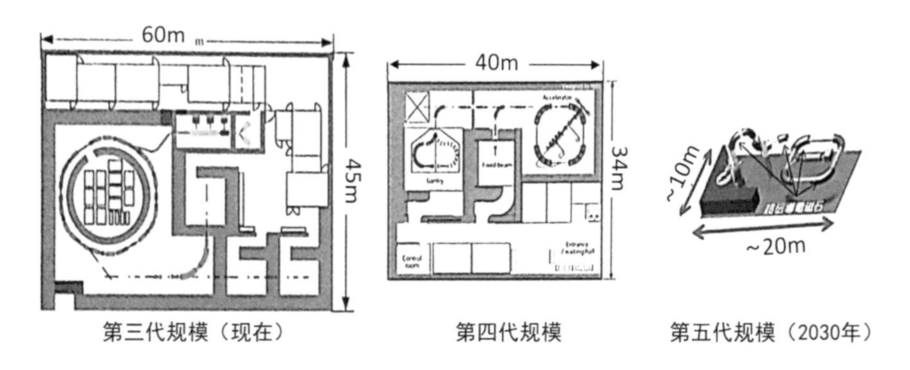

重离子治疗系统的规模演变

度；进一步优化治疗计划。有理由相信，重离子治疗这一先进的放疗方法一定能惠及更多的患者，为国民的健康贡献更大的力量。

二、培育优良品种的利器——辐射育种

1.辐射诱变育种

（1）物理射线简介

辐射是由场源发出的以波或粒子为载体的一种能量形式，它可以在空间或物质中传播。辐射可分为电离辐射和非电离辐射。电离辐射（能量> 10eV）是一种可以将电子从中性原子或分子中分离出来的高能辐射。电离辐射包括高能亚原子粒子、高速运动的离子或原子(通常大于光速的1%)和高能电磁波。反之，不能使物质原子或分子电离的辐射称为非电离辐射。

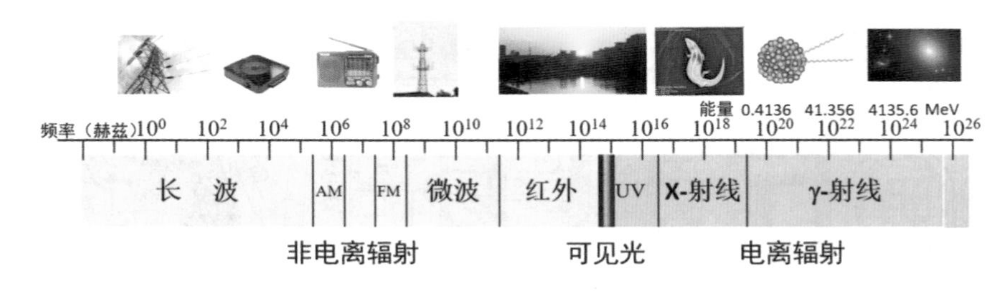

辐射的频率范围

（2）突变育种

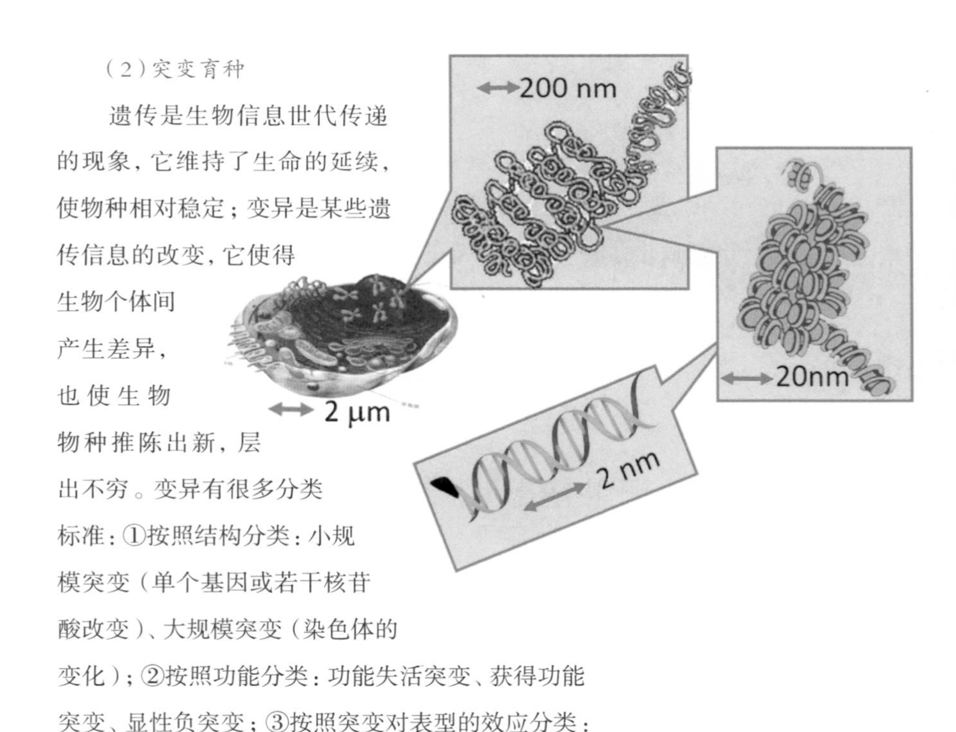

遗传是生物信息世代传递的现象，它维持了生命的延续，使物种相对稳定；变异是某些遗传信息的改变，它使得生物个体间产生差异，也使生物物种推陈出新，层出不穷。变异有很多分类标准：①按照结构分类：小规模突变（单个基因或若干核苷酸改变）、大规模突变（染色体的变化）；②按照功能分类：功能失活突变、获得功能突变、显性负突变；③按照突变对表型的效应分类：形态突变、生化突变、致死突变、条件致死突变。

突变育种就是利用自发突变以及诱发突变进

行作物遗传改良。可以利用化学诱变剂，如EMS（甲基硫酸乙酯）、物理诱变源、紫外线、X射线、γ射线、快中子、离子束等，产生突变。

（3）辐射诱变育种机理

辐射诱变育种就是利用上述物理诱变源辐照植物组织或种子，使其产生突变，从而选育新的品种。

电离辐射对生物体的攻击，主要是通过直接或者间接作用实现。辐射与细胞的生化组分相互作用，通常是打断原子或者分子之间的化学键，进而让该成分的物理或者化学性质发生改变。这么多生化组分中，为什么说DNA是最重要的靶分子呢？生命体的新陈代谢是动态过程，糖、蛋白、脂类分子受到电离辐射作用后，性质发生改变，一部分会被生物体的免疫系统识别，另一部分可以被自身的各类酶降解掉，一段时间后，被改变的分子在生物体内会被清除。然而，遗传物质DNA如果遭受攻击后无法正常修复，可产生突变，基因的表达受到干扰，蛋白质的表达相应受到

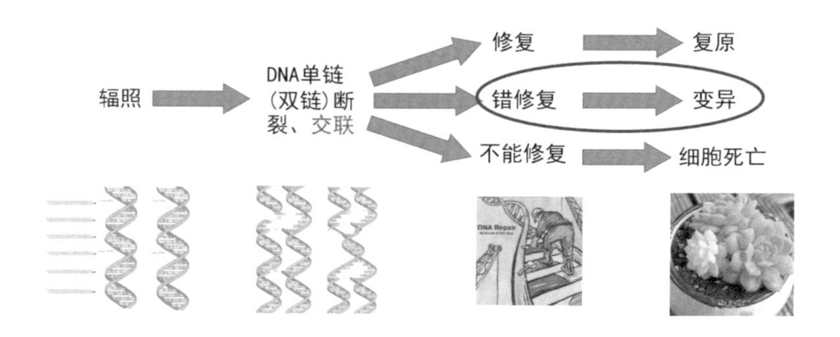

辐照致使 DNA 的突变的关键环节

影响。因此，生物体将呈现出与正常不一样的表型变化，其中一部分可以遗传到下一代，经过多代遗传，新的家族成员就诞生了。

（4）常规辐射诱变育种成果

根据国际原子能机构和联合国粮农组织的报告，截至2018年，超过3200种作物新品种（涵盖70个国家的210种作物），已经被官方释放并进行商业化应用，其中88.8%是由辐射诱变育种，尤其是γ射线诱变育种获得。亚洲国家更喜欢使用诱变育种方法对植物进行品种改良，中国、日本和印度都释放了数百个优质新品种。

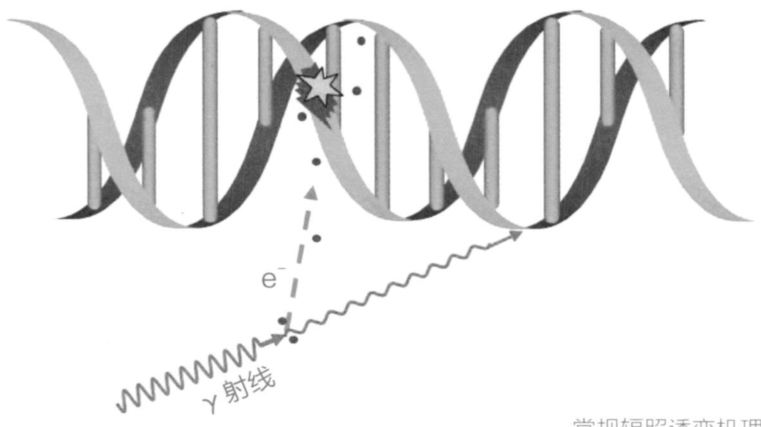

常规辐照诱变机理

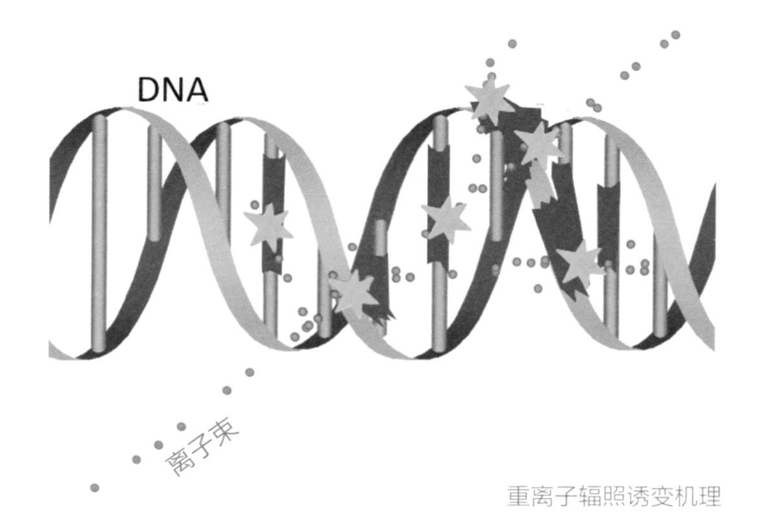

重离子辐照诱变机理

2.重离子束诱变育种

（1）原理

重离子束育种原理：经地面大型加速器加速后携带能量的重离子穿过细胞质，来到细胞核，与染色体DNA分子的原子或者分子相互作用，通过能量沉积，或者直接导致化学键断裂，或者与细胞的水分子相互作用产生自由基，再通过自由基间接攻击DNA分子，使DNA产生不同形式和不同部位的断裂。植物细胞内部特定的DNA会修复酶赶紧过来修复，通过同源重组、非同源末端连接等多种形式将部分DNA损伤修复。但是，有些严重或者复杂的损伤，如团簇损伤等无法正确修复，细胞仍然可以存活，却产生了错误的修复。这些错误修复将通过细胞分裂增殖，形成一群变异细胞，最终这些变异经过分化、发育形成完整的或者部分完整的植株，于是产生了突变体。在实验室里和农场里，人们精挑细选找到出类拔萃的突变材料，通过进一步培养成为新的品种。

重离子束能有效诱发植物变异，其特点是：突变效率高（小的诱变育种的群体）；突变谱广（新品种及种质资源）、稳定周期较短（缩短育种年限）。

（2）装置

日本有4台重离子加速器：理化所RIKEN-RIBF、QST-TIARA、QST-HIMAC、若狭湾W-MAST。

近代物理所的兰州重离子研究装置（HIRFL）是国内唯一能够提供中高能重离子束的装置，并建造了专门的生物辐照实验终端。每年都有数十家科研单位来近代物理所开展诱变育种基础及应用研究，取得了大量成果。近代物理所的重离子加速器系统包括2台回旋加速器和2台同步加速器，回旋加速器包括扇聚焦回旋加速器（SFC）和分离

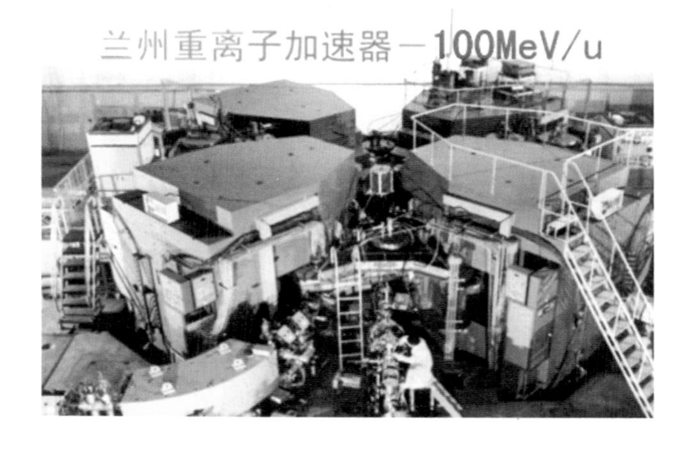

近代物理所的重离子加速器（HIRFL）

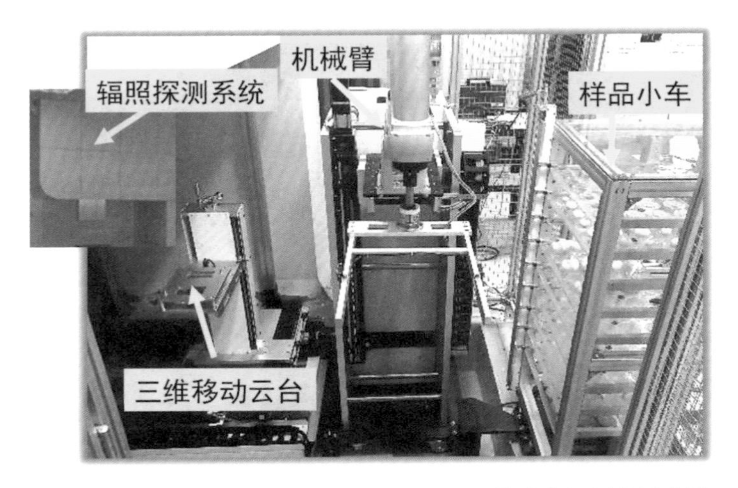

HIRFL 的生物辐射终端装置

扇回旋加速器（SSC）。SFC能通过电场把从碳离子到铀离子加速到0.08～8.5MeV/u的能量，SSC能进一步加速离子，将碳离子和铋离子通过电磁场分别加速到9.5～100MeV/u的能量。重离子束育种常采用80MeV/u的碳离子束辐射各种植物材料：种子、枝条、叶片、根、块茎、组织、悬浮细胞等，可获得具有优质性状的突变材料或新品种。

3.重离子束诱变育种成果

重离子能产生更多的DNA变异，诱变效率很高，已经被广泛用于作物育种。辐照后的种子，在其生长发育的过程中，DNA变异引起作物在形态、产量、品质、抗性等方面一系列的变化。育种专家通过田间观察和仪器分析测定，筛选出有益的变化，进而培育出不同需求的作物新品种。利用重离子辐照已经获得了多种作物

日本利用重离子束辐照获得的花卉新品种

的变异株系，并培育出了高产、优质、抗逆的新品种（包括水稻、小麦、高粱、中药材等），这些新品种进行大面积的种植，带来了巨大的经济效益。

重离子辐照培育的春小麦新品种（陇辐2号）

（1）粮食作物

近代物理所早在2003年就利用重离子辐照培育了9个春小麦稳定突变新品系及"陇辐2号"春小麦优良品种。"陇辐2号"适应性广，对条锈病、黄矮病抗性较好；抗倒伏、耐旱、抗干热风；生长期98～103天；穗大，穗粒数38～47.2粒，千粒重50克左右；高产

重离子辐照培育的水稻新品系

稳产(平均亩产485.2千克)；粗蛋白质含量13.0%～17.3%，湿面筋28.3%～39.2%。该品种推广了54.13万公顷。

2016年，近代物理所开始利用重离子辐照东北粳稻，获得多个变异株系（东稻122、211、275、505、617、619、812等），陆续参加了国家水稻区域试验。其中，东稻122于2019年进入吉林省水稻生产试验，年底通过审定。

（2）园艺植物

白花紫露草，又名吊竹梅，经过重离子辐照后出现了新的突变品种，环境温度高时叶子呈现绿色，温度低时则变为粉红色，因此起名为冬花夏草。

（3）经济作物

早熟甜高粱品种是中国首次利用重离子贯穿处理技术选育出

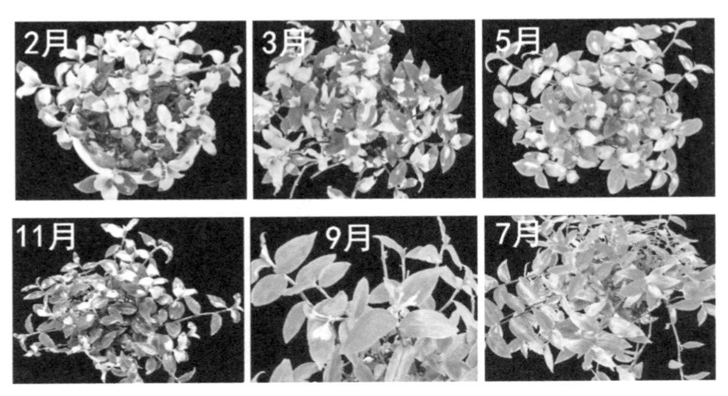

冬花夏草

重离子辐照培育的油葵新品种

的农艺性状优良（早熟、抗病、高糖）、有产业开发价值的甜高粱品种。另外，还利用重离子辐照选育了油葵、蓖麻、中草药等新品种。在工业微生物和药用微生物的改良中，重离子辐照也获得了重要的成果，为工业生产提供了主要支持。

甜高粱新品种

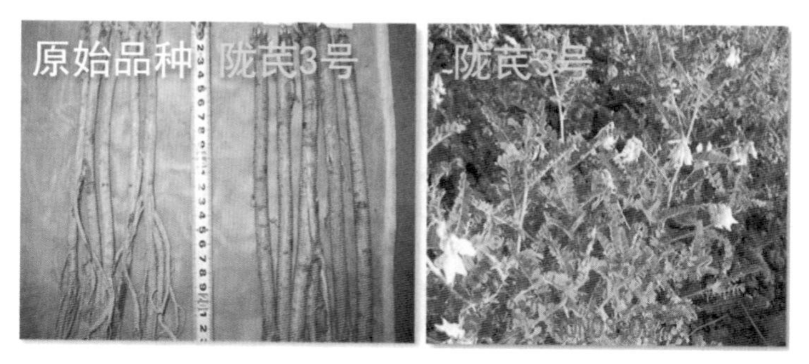

中药材新品种

三、航天器件的检查站

1. 航天电子器件面临的危险

几千年前，人们就对宇宙产生了无限遐想。盘古开天辟地、女娲炼石补天、嫦娥奔月和夸父逐日这些神话故事都体现着人类对于宇宙的好奇以及对于宇宙本身的向往。在技术发展不够的时候，我们只能站在地球上通过眼睛或更高级的望远镜来观测外太空。1957年10月4日，苏联发射了世界上第一颗人造卫星，宣告人类对于宇宙不再停留于仰望，而是进入直接探索阶段。

1956年，著名科学家钱学森向中央提出《建立我国国防航空工业的意见书》，中国开始发展自己的航空以及火箭事业。1970年，中国第一颗人造卫星“东方红一”号成功升空；2003年，中国“神舟五”号载人飞船升空；2007年，“嫦娥一”号奔月成功。截至目前，中国不仅有几百颗卫星运行在太空轨道上，月球车“玉兔二”号于2019年1月3日22时22分完成与“嫦娥四”号着陆器的分离，驶抵月球背面。

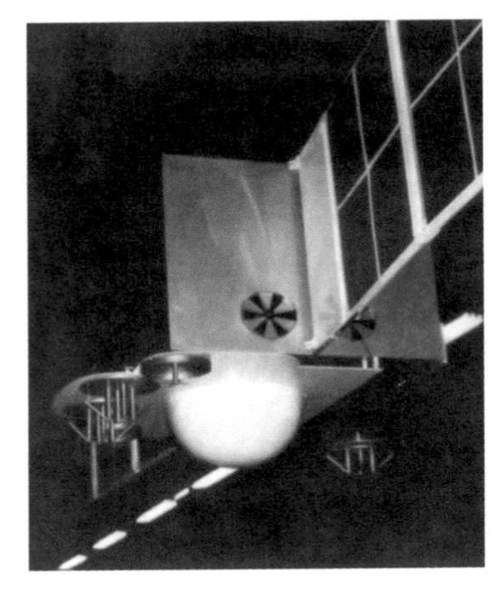

“FY-1A”卫星照片

虽然中国的航天事业取得了很大的成就，但是发展的历程并非一帆风顺，除了在地面上面临的各种技术难题，卫星发射升空后也面临着各种挑

人类不断探索的活动区域

战。1988年9月7日，中国的“风云一”号卫星“FY-1A”在太原卫星发射中心发射升空，标志着中国气象探测和预报进入一个新纪元。但是“FY-1A”仅仅工作了39天后就发生故障并失效。后来发现主要原因就是空间环境中存在的大量高能带电粒子。这些带电粒子引起航天器电子系统发生单粒子效应，导致仪器失效，最终卫星姿态失控。

这次事件引起国家对卫星在轨电子系统可靠性问题的重视。而兰州重离子加速器国家实验室也就挑起了重担，从完成“风云一”号卫星计算机主板故障的地面复演，到“实践四”号、“实践五”号卫星有效载荷的地面考核，目前每年提供大约700小时的宇航元器件考核束流时间，兰州重离子加速器在这个过程中取得了一系列的研究成果，为中国宇航器件的抗辐射加固提供了非常多的有价值数据。

什么是单粒子效应呢？它又是如何发生的呢？为此，

我们首先要了解一下空间辐射环境。

宇宙空间充满了各种辐射，近地空间的辐射主要分为三类：银河系宇宙线（GCR）、太阳高能粒子（SEP）射线以及地球捕获带。

银河宇宙射线指的是来自银河系（不包括太阳系）的高能粒子。银河宇宙射线的发现可以追溯到1900年，当时维克斯·赫斯设计了一个实验，在气球上绑上了一个探测器，用来探测远离地球的自然辐射。维克斯·赫斯惊讶地发现辐射剂量随着气球的上升而增强，因此得出结论说该辐射来源于外层空间，并且发现辐射强度并不随时间变化，所以辐射的来源并非源自太阳。银河宇宙射线包含83%的质子、13%的α粒子以及3%的重离子。宇宙射线粒子的能量非常高，至于到底是什么样的物理过程可以把粒子加速到这么高的能量，机理尚不清楚。随着宇宙射线能量的增加，其通量降低，从一开始的每秒每平方米1个粒子，到末尾的每年每平方千米才有1个粒子。其中低能区（小10^8eV）的宇宙射线主要是来源于太阳宇宙射线，中能区

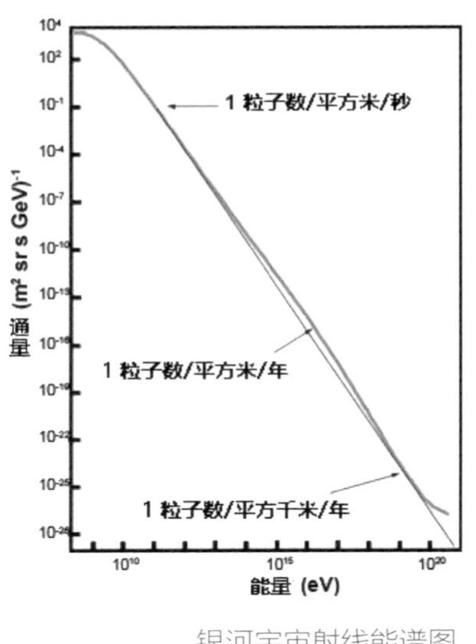

银河宇宙射线能谱图

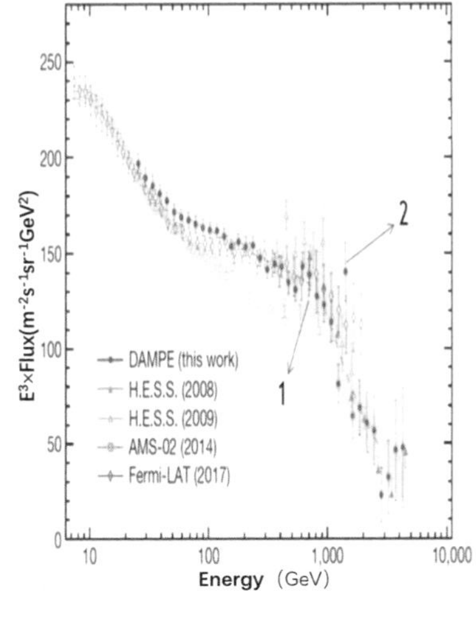

“悟空”暗物质探测器测到的宇宙射线能谱

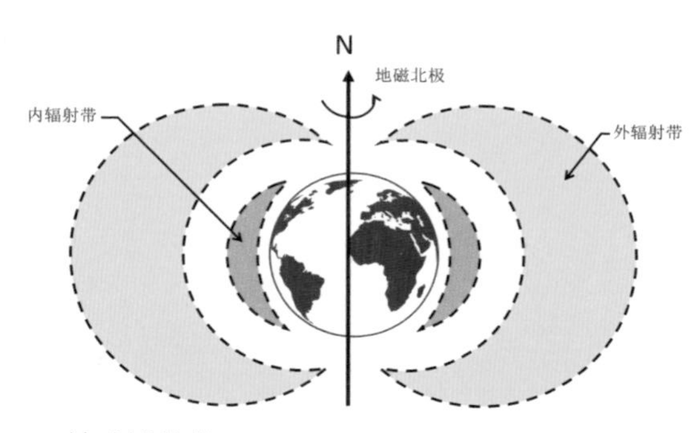

地球捕获带

（10^{10}eV ~ 10^{14}eV）的主要来源是银河宇宙射线，而高能区（大于10^{20}eV）的主要是来源于银河系之外的宇宙射线。

由于银河宇宙射线能量高，因此难以屏蔽，就算加以屏蔽层，还有可能因为能量降低导致其在单位路程能量损失（LET）的增加，进而使得情况更加糟糕。地磁场及大气层将地球很好地保护起来，穿过地球大气的宇宙射线将会与大气分子发生碰撞，产生次级粒子，例如电子等。

太阳宇宙射线顾名思义来源于太阳活动产生的高能粒子流，包含两部分，一部分是太阳表面短时间能量的爆发，大部分以X射线及紫外线的形式辐射出来，另一部分则是具有很高能量的带电离子，主要成分为质子以及少量的重离子。这些粒子的能量远低于银河宇宙射线粒子的能量。所谓的“太阳风”就太阳表面辐射的电子和质子，像风一样吹向地球。虽然说太阳质子射线的能量相较于银河宇宙射线要低一些，但是通量却比银河宇宙射线大很多，可以达到10^9粒子数/平方厘米。太阳宇宙射线中，重离子的通量有时也会很大，可以达到银河宇宙射线本底的3个数量级左右。

地球捕获带是由范艾伦及他的同事首次发现的，因此也称之为范艾伦辐射带。1958年1月31日，范艾伦在“探索者1”号上开展了一项简单的宇宙射线测试实验，发现地球被巨型环状分布的高能带电粒子，包括质子、电子及微量低能量重离子所包围，分为内带和外带。由于范艾伦辐射带的形成来源于地磁场所俘获的带电粒子，所以当地磁场被太阳活动周期影响时，范艾伦辐射带的形状和强度也随之有所变化。

南大西洋区域是地球上地磁场最弱的区域。因此，该区阻止太阳粒子的能力很弱，使得太阳粒子更接近地球表面，更容易影响穿过该区域上空的低轨道航天器的电子器件，造成在轨运行异常。这个区域就是所谓的“范艾伦带凹陷区”。这个异常区附近的质子通量明显高于其他区域。

“范艾伦带凹陷区”自1958年发现至今，据观察，它的南边界变化不大，但是东边、西边和北边界都在扩张。按照目前的速度，异常区在2240年有可能覆盖南半球的一半面积。

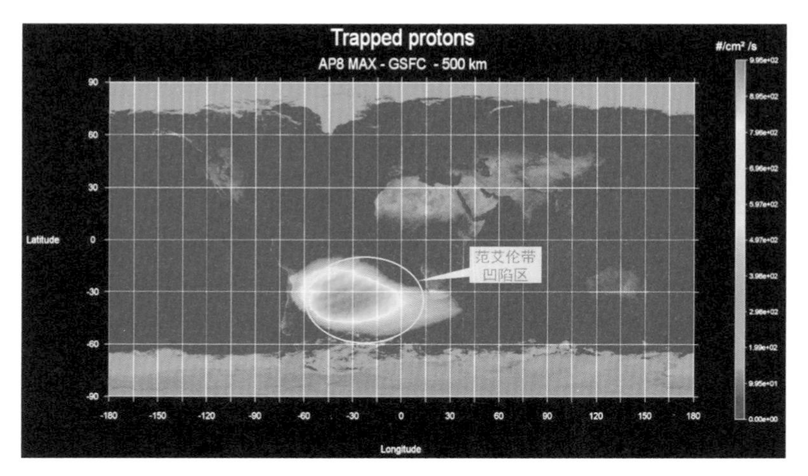

南大西洋区域俘获的能量大于10 MeV质子通量分布

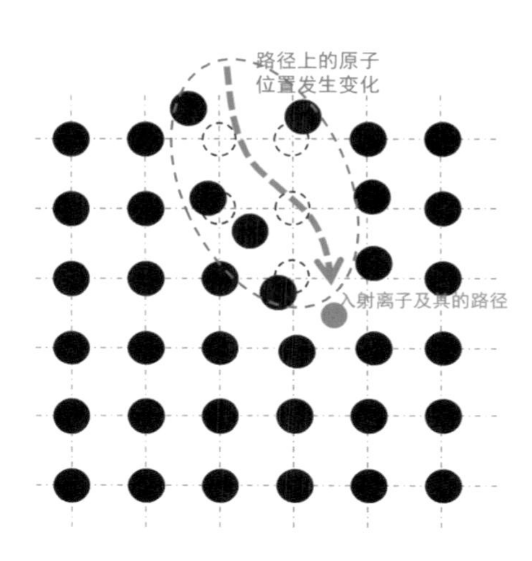

位移损伤示意图

2.半导体材料的四大辐照效应

宇宙射线入射航天半导体器件时，通过电离和激烈碰撞会导致器件材料硅产生损伤，这将导致半导体器件性能退化或永久损伤，这称为半导体器件的辐照效应。辐照效应可分为四大类，分别是单粒子效应、总剂量效应、位移损伤效应以及充放电效应。

位移损伤也称之为位移缺陷，指的是高能粒子（如质子、中子、重离子和α粒子）入射引起半导体材料中晶格结构的变化。发生位移损伤的半导体器件，其特性将会发生改变，电流-电压特性也会发生变化。这就是位移损伤效应。

总剂量效应指的是长期暴露在粒子辐射环境中，导致半导体材料中电荷累积而引起的器件失效。当高能粒子（质子、重离子、电子等）入射到半导体器件中将会在氧化层中形成电子空穴对，形成的电子空穴对有一部分会复合，而另一部分将会漂移和扩散，形成陷阱电荷。这些陷阱电荷的存在将会影响器件的性能，导致器件功能退化或者失效。

另外，当航天器运行于空间辐射环境下，其表面在电子的不断轰击下将带上负电，当航天器表面与其他部件之间的电位差超过一定阈值的时候，将会发生放电现象。产生的放电脉冲将会影响航天器件乃至整个电子系统的正常工作，严重时会发生灾难性后果。

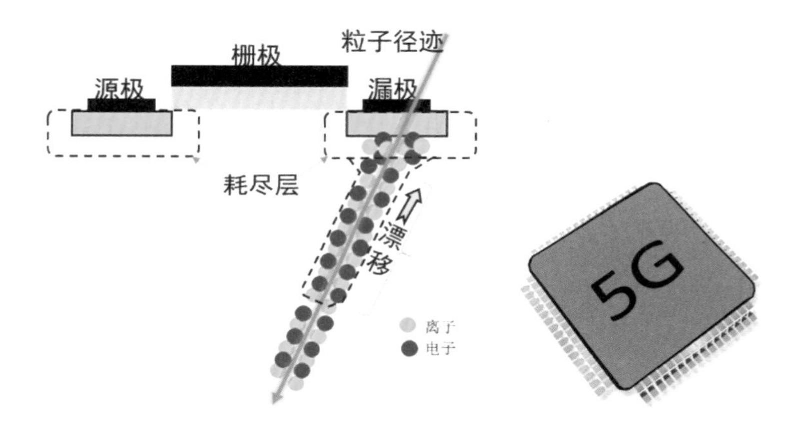

单粒子效应原理示意图

单粒子效应，是指在太空中，单个高能带电粒子，包括重离子、质子和中子等）击中航天器中的半导体器件，特别是微电子器件的灵敏部位，由于电离作用，瞬时产生较多额外电荷，引起器件的逻辑状态改变、功能受到干扰或失效，甚至器件的硬损伤等现象。

如果按照辐照效应对于航天器件的影响大小排列，那么单粒子效应目前绝对稳坐第一把交椅。为什么威胁最大呢？第一，单粒子效应的产生只需要一个粒子，并且随着半导体集成度的增加、特征尺寸的减小以及工作电压的降低，半导体器件对单粒子效应越来越敏感。第二，单粒子效应的损伤模式多种多样，并且是一个突发的过程，并不是渐变的。而且，无论航天器处于哪一个轨道，高能粒子的存在都将有可能导致航天器件发生单粒子效应，对航天器件产生威胁。第三，航天器件中发生单粒子效应的位置是不确定的，不可预知的。或许航天系统设计师会说，好吧，我已经知道了单粒子效应的危害性，其他任何地方我都可以接受，唯独某个特殊位置不能有单粒子效应的发生。很可惜的是，这是做不到的，我们只能预估出现错误的概率，尽量地对器件采取加固措施以降低单粒子效应发生的概率。但是要做到精确预测某个位置、某个时间发生单粒子效应是不可能的。

单粒子效应有很多类型。单粒子效应根据损毁程度可以大致分为软错误和硬错误两大分类。在软错误中，粒子入射导致的半导体器件的损伤可以恢复；而对于硬错误来说，则造成了半导体器件的物理损伤，即产生永久性不可恢复的错误。

单粒子翻转：是指入射粒子导致的半导体器件存储单元或锁存器中的数据发生翻转。单粒子翻转还分为单位翻转和多位翻转，单位翻转是一个入射粒子导致的单个数据位的翻转，多位翻转是一个入射粒子导致一个字节中的两个或两个以上的数据位发生翻转。

单粒子翻转示意图

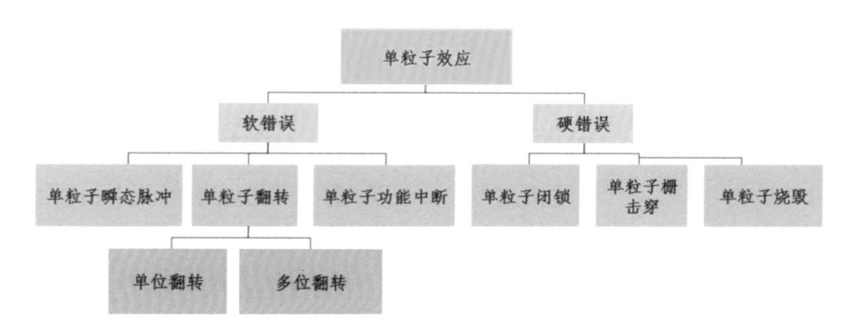

单粒子效应分类

单粒子瞬态脉冲：是指入射粒子引起的电路节点中的电压瞬时波动。

单粒子功能中断：指单个粒子在电子元器件中的控制寄存器、时钟信号、重置信号等产生的波动所引起的器件部分功能失效。通常发生在复杂电路中，例如FLASH、FPGA等。

单粒子闭锁：指入射粒子触发（CMOS）电路寄生的 PNPN 结构所引起的电流异常增大。发生单粒子闭锁时，如果不对器件电源执行重启操作，将会对电路产生永久性不可恢复损伤。锁定现象是20世纪60年代伴随着CMOS技术一同出现的，其根源在于CMOS器件中固有的PNPN四层结构，构成了寄生的可控硅结构。在正常情况下，寄生的可控硅处于高阻关断状态。离子入射形成触发信号触发其导通，有电流流过，由于可控硅的正反馈特性，流过的电流会不断增大，进入大电流再生状态，即发生单粒子锁定现象。

单粒子栅击穿：当高能粒子轰击器件时，通过电离产生大量电子空穴对，一部分空穴在栅的绝缘表面积累形成一个瞬时电场，当电场强度大于栅的绝缘介质所能承受的阈值时，栅的绝缘就会被击穿，从而产生永久性损伤。一般只有在功率器件中才会发生单粒子栅击穿。

单粒子烧毁：主要是电压变化引起电流密度的上升，进而温度超过允许值时所导致的烧毁现象。这是主要发生在功率器件中的一种硬损伤错误。

3.历史及目前形势

Walkmark于1962年首次发表文章，预测随着器件特征尺寸的降低，将会出现单粒子效应，严重阻碍半导体行业的发展。结果后来的确出现了这一效应，并且也慢慢引起了人们的重视和关注。1975年，宾德等人首次在应用卫星系统中发现了这一效应。但在当时并没有引起很多人的关注，因为一方面是当时归

J.T.Wallmark(1919—2007)

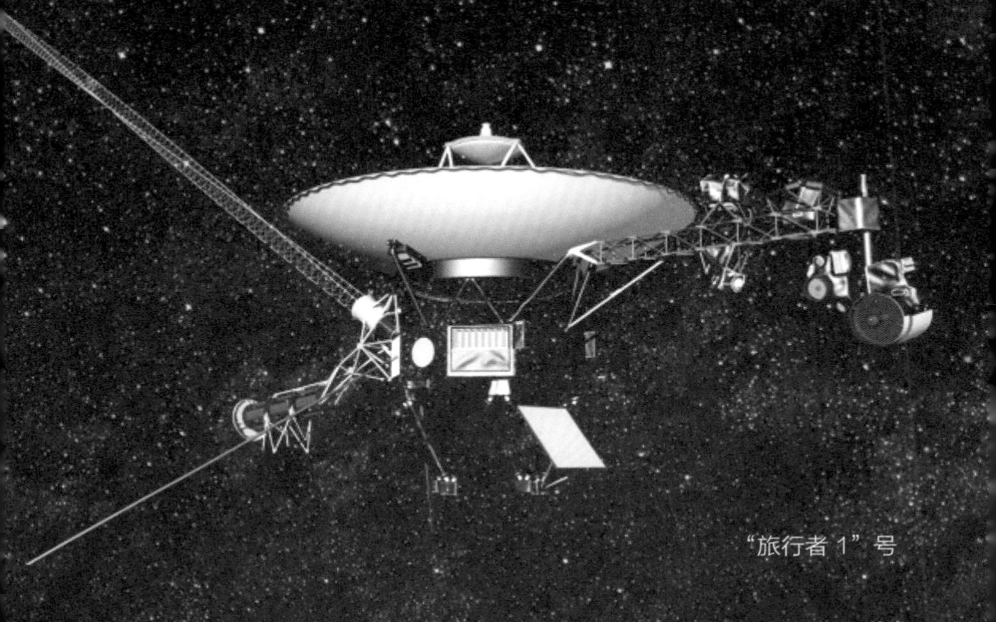

“旅行者 1”号

结为单粒子效应的错误数目太少，另一方面是和大众的常识存在冲突，当时的辐射效应元凶还是总剂量效应。1978年，英特尔公司验证了α粒子引起内存芯片的翻转，让人们认清了一个事实——单粒子效应是存在的！1979年，Guenzer等在试验中观测到了高能质子导致的翻转。自此，单粒子效应登上舞台，逐步代替总剂量效应成为辐射效应这一台戏的主角，并且随着半导体技术的不断发展，主角地位越加牢固。Walkmark也因这一惊人预言登上单粒子效应鼻祖的宝座。“旅行者”及“先锋”探测器上观测到的高能宇宙粒子引起了严重问题；伽利略系统花费极大代价进行改进以避免单粒子效应的影响；哈勃太空望远镜频繁出现单粒子效应错误；单粒子效应导致日本卫星丢失；“风云一”号卫星计算机主板故障。随着航天器上发现的单粒子效应问题的增加，人们越来越认识到单粒子效应对于航天器件的威胁，从而推动了人们对单粒子效应的研究。

随着时间的推进，研究人员观察到了越来越多种类的单粒子效应类型，也针对各种类型的器件、各种辐射环境下的单粒子效应开展了大量的研究，包括航天器上的研究和地面模拟研究。主要研究内容有质子直接电离引起的单粒子效应、重离子核反应机理引起的单粒子效应、多位翻转效应、地面单粒子效应模拟、单粒子效应对人工智能可靠性的威胁等。

单粒子效应试验

器件类型	器件型号	集成度	损伤速率	实验条件
N-MOS动态RAM		24K×4	1个/天	存放于卫星中
双极存储器	93L422	256×4	5×10^{-3}个/位·年	在最大宇宙射线范围内的卫星内存放8个月
I^3L微处理器	SBP9989	16位	~6.7×10^{-4}个/天·片	由回旋加速器模拟宇宙射线
CMOS RAM	HM6508	1024×1	9×10^{-3}~3×10^{-3}平方厘米	150MeV Kr、Ar离子实验
CMOS/SOS RAM	CDP1821	1024×1	4.8×10^{-6}个/天	由加速器模拟宇宙射线

部分器件的单粒子效应实验和模拟结果

型号	厂家	集成度/bit	工艺	翻转截面/cm^2	预估截面/cm^2
D2114	Texas	1K×4	NMOS	1.17×10^{-2}	1.09×10^{-8}
6114	RCA	1K×4	CMOS	0.86×10^{-4}	
2114	24所	1K×4	NMOS	1.30×10^{-2}	
LM2114	771所	1K×4	NMOS	1.30×10^{-2}	
CMD6264	RCA	8K×8	CMOS	1.31×10^{-2}	1.94×10^{-8}

4.单粒子效应的地面研究

简单来说，地面模拟研究指的是利用放射源（锎裂变源）和加速器束流对预先加载数据或程序的芯片进行照射，并记录数据或程序发生异常的次数与照射剂量的关系，从而对芯片的防单粒子效应能力做出评估。任何一种航天电子器件在上天前都应对其可能发生单粒子效应的概率做出评估，然后根据卫星设计的要求，对评估过的芯片做出选择，以保证卫星电子器件的安全性。20世纪80年代开始，国外一些具有加速器的核物理实验室就开展了这一项研究工作。现在，中国也开展了这项研究工作，并为卫星的设计提供了数据。

国际上开展单粒子效应地面模拟研究的加速器一览表

国别	加速器常数K	离子源类型	国别	加速器常数K	离子源类型
美国伯克利	70~160	ECR	日本RIKEN	540	ECR
法国GANIL（Caen）	300	ECR	日本JEARY	100	ECR
法国ISN(Grenoble)	90	ECR	俄罗斯JINR（Dubna）	145	ARC
法国ISN(Grenoble)	160	ECR	俄罗斯JINR（Dubna）	540	PIG
法国IPN(Orsay)	75	PIG	俄罗斯JINR（Dubna）	625	ARC
德国HMI（Berlin）	130	PIG	中国SFC、SSC	69、450	ECR
德国KEF（Julich）	180	ECR	中国CSRm	同步加速	

实验主环 CSRm

（1）兰州重离子加速器

近代物理所拥有中国能量最高的大型重离子加速器，可提供几十MeV到GeV的从C至Bi的多种重离子。注入器（SFC）可以单独使用也可和主器（SSC）联合使用，宽泛的能区及较多的离子种类，可以满足单粒子效应实验和材料辐照实验中，对粒子在其路径的单位长度上沉积能量（LET）范围的要求；高离子能量提供了纯净的电子能损伤环境，可以辐照较厚的样品；由于离子能量足够高，可以将其引出到真空室外对样品进行照射，便于更换样品。这些特点体现了兰州重离子加速器国家实验室（HIRFL）在单粒子效应地面模拟实验中的独特优势。HIRFL每年的有效供束时间在6000小时以上，而用于航天器件单粒子效应的束流时间约700小时，并且这一时间还在逐年递增。

Kr和Xe离子在器件不同层次沉积的能量

层次深度/μm	Ekr=300MeV		Ekr=1361MeV		Exe=300MeV		Exe=1032MeV	
	垂直入射	60^0入射	垂直入射	60^0入射	垂直入射	60^0入射	垂直入射	60^0入射
顶层[1)]	32.8	65.9	22.1	44.9	50.4	102.0	45.9	90.1
0~5	45.7	92.1	30.9	63.1	69.6	119.8	65.9	136.8
5~15	93.5	140.5	62.2	128.0	115.8	78.2[2)]	134.2	275.1
15~25	86.0	1.5[2)]	64.0	129.0	62.2		136.2	277.9
25~35	42.0[2)]		65.8	131.2	2.0[2)]		139.0	228.0
35~45			60.0	139.8			142.1	24.1[2)]

注：1）顶层厚度为3.6μm

2）未完全穿透该层离子的剩余能量

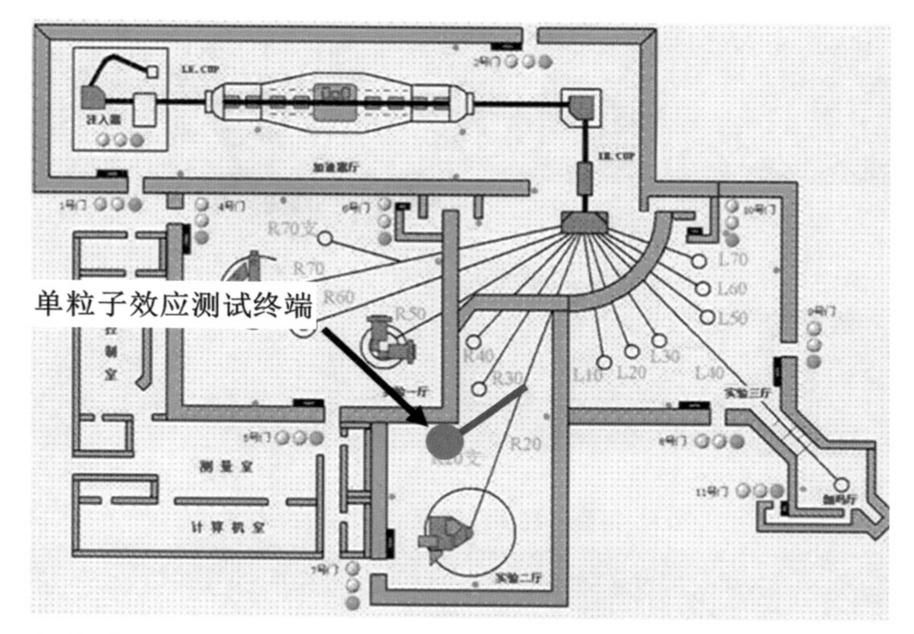

串列加速器和实验终端示意图

（2）北京串列加速器核物理国家实验室

该实验室的主要设备包括一台大型静电式串列加速器（HI-13）和各种实验终端设备。这台加速器是中国20世纪80年代初从美国高压工程公司引进的，1983年底开始安装调试，1987年通过国家验收投入正式运行。1988年，北京串列加速器核物理国家实验室成立，多年来为单粒子效应实验提供了宝贵的束流时间。

（3）其他

上述两个加速器是目前国内最常用的宇航元器件考核用加速器。除此之外，还有一些其他加速器也在为中国宇航元器件考核以及空间辐射效应研究做贡献。如北京大学重离子物理研究所的EN-18串列静电加速器、山东淄博质子加速器、中国科学院新疆理化技术研究所的^{60}Co γ辐射装置等。